普通高等教育高职高专"十三五"规划教材

U0166879

# 无线通信技术及应用

主　编　匡　畅
副主编　龚兰芳　王思婷　何　玲
　　　　梁文祯　陈宇莹　刘传林

中国水利水电出版社
www.waterpub.com.cn
·北京·

# 内 容 提 要

本教材以 Arduino 为核心器件介绍了目前主流的通信开发相关技术，主要内容包括初识 Arduino、串口通信、小车平台、红外通信、蓝牙通信、RFID 通信、无线通信、网络通信、Wi-Fi 通信以及其他通信。本教材注重实践技能和应用能力的培养，每章都设有项目开发案例，以案例为导向，采用任务引导教学，增强学生的学习积极性。案例内容贴近实际需求，符合行业岗位要求。同时，本教材还着重介绍了机器人小车平台的设计与制作，为各类通信的实践开发提供了应用平台，所学知识可以应用到小车平台上，增加了学习的趣味性和应用性。

本教材内容安排科学合理，方便高职高专院校电子类、通信类、自动化类、物联网类、计算机类等专业的通信系列和单片机系列课程使用，也可以作为应用型本科、开放大学、成人教育、自学考试、中职学习和培训班的教材，以及电子工程技术人员的参考书。

## 图书在版编目（CIP）数据

无线通信技术及应用 / 匡畅主编. -- 北京：中国
水利水电出版社，2020.1
普通高等教育高职高专"十三五"规划教材
ISBN 978-7-5170-8379-5

Ⅰ．①无… Ⅱ．①匡… Ⅲ．①无线电通信—高等职业
教育—教材 Ⅳ．①TN92

中国版本图书馆CIP数据核字（2020）第021789号

| | | |
|---|---|---|
| 书 名 | 普通高等教育高职高专"十三五"规划教材<br>**无线通信技术及应用**<br>WUXIAN TONGXIN JISHU JI YINGYONG | |
| 作 者 | 主 编 匡 畅<br>副主编 龚兰芳 王思婷 何 玲 梁文祯 陈宇莹 刘传林 | |
| 出版发行 | 中国水利水电出版社<br>（北京市海淀区玉渊潭南路 1 号 D 座　100038）<br>网址：www. waterpub. com. cn<br>E-mail：sales@waterpub. com. cn<br>电话：（010）68367658（营销中心） | |
| 经 售 | 北京科水图书销售中心（零售）<br>电话：（010）88383994、63202643、68545874<br>全国各地新华书店和相关出版物销售网点 | |
| 排 版 | 中国水利水电出版社微机排版中心 | |
| 印 刷 | 北京印匠彩色印刷有限公司 | |
| 规 格 | 184mm×260mm　16 开本　10.75 印张　262 千字 | |
| 版 次 | 2020 年 1 月第 1 版　2020 年 1 月第 1 次印刷 | |
| 印 数 | 0001—2000 册 | |
| 定 价 | **29.00 元** | |

# 前言 QIANYAN

本教材适用于电子信息专业、物联网专业以及电子通信计算机类专业学生学习，是"无线通信技术"和"无线通信技术与应用"课程的主要教材。

本教材主要针对小型无线通信开发，采用单片机作为控制核心，在实践的同时讲授通信理论知识，非常适合大专、中专学生和老师以及业余电子爱好者学习。本教材的案例教程非常详细，一步一步手把手教学，配合详细的文字和大量图片示例，随书附送程序源代码，学习起来得心应手。

由于电子行业发展突飞猛进，通信技术日新月异，本教材也在不断更新和进步中。由于编者水平有限，书中难免存在错误和疏漏，请各位读者及时指正，我们一定会及时更改，不断完善。

如对本教材有任何意见和建议，请及时联系我们，我们会竭诚所能，不断进步。本教材作者的联系方式：578248883@qq.com。

编者

2019 年 9 月

**目录** *MULU*

# 第 1 章

# 初 识 Arduino

## 1.1 Arduino 的 简 介

### 1.1.1 Arduino 的几个产品级项目

#### 1.1.1.1 ArduPilot Mega（APM）

ArduPilot Mega（APM）是市面上最强大的基于惯性导航的开源自驾仪，并且是最便宜的之一，免费开源固件，基于 Arduino 平台开发。目前有飞机（ArduPlane）、多旋翼（四旋翼、六旋翼、八旋翼等）、直升机（ArduCopter，图 1.1）和地面车辆（Ardu-Rover）等产品。

#### 1.1.1.2 MakerBot

MakerBot 作为知名 3D 打印机的生产商，其桌面级 3D 打印机采用的主控芯片为 Ar-duino Mega，Arduino 主要用于解读 G 代码，并驱动步进电机和打印喷头对作品进行打印。MakerBot 3D 打印机如图 1.2 所示。

图 1.1  APM ArduCopter        图 1.2  MakerBot 3D 打印机

#### 1.1.1.3 Dobot

Dobot 是一款具有 4 轴高精度、高重复定位精度、带步进电机、基于 Arduino 的开源机械臂，如图 1.3 所示。Dobot 可以进行画、写、移动、抓握东西，还能 3D 打印物品和食品，它的定位精度可以达到 0.2mm。开发团队为了让 Dobot 更加方便易用，为它设计了 7 种不同的控制方式，包括 PC 控制、手机 APP 控制、脑电波控制、语音控制、手势传感器控制、体感控制和视觉识别控制。

### 1.1.2 Arduino 的由来

　　Massimo Banzi 曾是意大利 Ivrea 一家高科技设计学校的老师。他的学生们经常抱怨找不到便宜好用的微控制器。2005 年冬，Massimo Banzi 与 David Cuartielles 讨论了这个问题。David Cuartielles 是一个西班牙籍晶片工程师，当时是这所学校的访问学者。两人决定设计自己的电路板，并引入了 Banzi 的学生 David Mellis 为电路板设计编程语言。两天以后，David Mellis 就写出了程序码。又过了三天，电路板就完工了。Massimo Banzi 喜欢去一家名叫 Di Re Arduino 的酒吧，该酒吧是以 1000 年前意大利国王 Arduin 的名字命名的。为了纪念这个地方，他将这块电路板命名为 Arduino。

　　随后 Banzi、Cuartielles 和 Mellis 把设计图放到了网上。版权法可以监管开源软件，却很难用在硬件上，为了保持设计的开放源码理念，他们决定采用 Creative Commons（CC）的授权方式公开硬件设计图。在这样的授权下，任何人都可以生产电路板的复制品，甚至还能重新设计和销售原设计的复制品。人们不需要支付任何费用，甚至不用取得 Arduino 团队的许可。如果重新发布了引用设计，就必须声明原始 Arduino 团队的贡献。如果修改了电路板，则最新设计必须使用相同或类似的 Creative Commons（CC）的授权方式，以保证新版本的 Arduino 电路板也会一样是自由和开放的。唯一被保留的只有 Arduino 这个名字，它被注册成了商标，在没有官方授权的情况下不能使用它。早期的 Arduino 开发板如图 1.4 所示。

图 1.3　Dobot 机械臂

图 1.4　早期的 Arduino 开发板

## 1.2　Arduino 的发展

### 1.2.1 Arduino 的现状

　　Arduino 发展至今已经成为全球创客的宠儿，占领了全球各大极客网站和论坛的主要板块，不断有基于 Arduino 的众筹产品、DIY 项目、智能硬件等涌现在市场上。Arduino 平台核心处理器从早期的 AVR ATmega328P 逐渐向 ARM 架构 Cortex - M0 发展，开发板也开始支持网络通信。越来越多的硬件厂商开始支持 Arduino。虽然目前工业主流控制器还是 STM32 系列处理器，但 Arduino 仍然是不可小觑的一股新兴力量。

### 1.2.2 Arduino 的优势

#### 1.2.2.1 跨平台

Arduino IDE 可以在 Windows、Macintosh OS X、Linux 三大主流操作系统上运行，而其他的大多数控制器只能在 Windows 上开发。

#### 1.2.2.2 开放性

Arduino 的硬件原理图、电路图、IDE 软件及核心库文件都是开源的，在开源协议范围内可以任意修改原始设计及相应代码。

#### 1.2.2.3 易用性

Arduino IDE 对于电子或编程的初学者而言极易掌握，使用者不需要太多的单片机基础和编程基础，不需要了解单片机的内部硬件结构和寄存器操作等，只需要对 Arduino 函数功能有所了解就可以进行快速开发。

#### 1.2.2.4 第三方支持

Arduino 的开放性给予了第三方开发者更多的自由，人们可以在社区或论坛共享自己的示例程序、代码以及硬件设计，也可以在众多开源网站上下载其他用户对 Arduino 封装的库文件等，以便更快、更简单地扩展自己的 Arduino 项目。

## 1.3 Arduino 的硬件

### 1.3.1 Arduino 家族

#### 1.3.1.1 Arduino UNO

Arduino UNO（图 1.5）是目前使用最广泛的 Arduino 控制器，具有 Arduino 的所有功能，是初学者的最佳选择。

Arduino UNO 是一款基于 ATmega328 的微控制器板。它有 14 个数字输入/输出引脚（其中 6 个可用作 PWM 输出）、6 个模拟输入、1 个 16 MHz 陶瓷谐振器、1 个 USB 连接接口、1 个电源插座、1 个 ICSP 头和 1 个复位按钮。作为 Arduino 的经典控制器，它包含了 Arduino 平台所支持的大部分功能，能够胜任大多数微型控制器的工作要求，是 Arduino 入门级控制器的代表。

#### 1.3.1.2 Arduino Mega

Arduino Mega（图 1.6）是一款增强型的 Arduino 控制器，相对于 UNO，它拥有更多的输入/输出引脚、更大的程序空间和内存、

图 1.5 Arduino UNO

更快的处理芯片，适合大型项目。

图 1.6　Arduino Mega

Arduino Mega 2560 是一款基于 ATmega2560 的微控制器板。它有 54 个数字输入/输出引脚（其中 15 个可用作 PWM 输出）、16 个模拟输入、4 个 UART（硬件串行端口）、1 个 16 MHz 晶体振荡器、1 个 USB 连接、1 个电源插座、1 个 ICSP 头和 1 个复位按钮。Mega 可以说是 UNO 的 PLUS 版，性能相同的情况下，扩展了内部资源和外部引脚。

### 1.3.1.3　Arduino Due

Arduino Due 是 Arduino 平台首款基于 32 位 ARM 内核微控制器的控制器板，如图 1.7 所示。

图 1.7　Arduino Due

Arduino Due 是一款基于 Atmel SAM3X8E ARM Cortex - M3 处理器的微控制器板。它有 54 个数字输入/输出引脚（其中 12 个可用作 PWM 输出）、12 个模拟输入、4 个 UART（硬件串行端口）、1 个 84 MHz 时钟、1 个 USB OTG 连接、2 个 DAC（数字－模拟）、2 个 TWI、1 个电源插座、1 个 SPI 头、1 个 JTAG 头、1 个复位按钮和 1 个擦除按钮。Due 的性能较 UNO 和 Mega 有大幅的提升，是一款专业级别的开发板。

### 1.3.1.4　Arduino Yún

Arduino Yún 是 Arduino 平台首款物联网应用相关的微控制器电路板，内置了网络模块，如图 1.8 所示。

Arduino Yún 是基于 ATmega32u4 和 Atheros AR9331 的微控制器电路板，Atheros

处理器支持基于 OpenWrt 的 Linion OS。Atheros Yún 内置一个以太网和 Wi – Fi 支持功能,一个 USB – A 端口,微型 SD 卡插槽,20 个数字输入/输出引脚(其中 7 个可用作 PWM 输出,12 个可用作模拟输入),一个 16 MHz 晶体振荡器,一个微型 USB 连接器,一个 ICSP 头和 3 个重置按钮。Yún 整合了控制器开发板和网络模块,方便了用户互联网应用的开发。

图 1.8  Arduino Yún

### 1.3.1.5  小型化的 Arduino

为了适应可穿戴设备的开发需求,Arduino 开始设计更小巧的硬件控制器,包括 Arduino UNO、Arduino Mini、Arduino Micro、Arduino LilyPad 等,其中 Arduino Mini 和 Arduino LilyPad 需要外部模块配合来完成程序下载功能,Arduino Mini 和 Arduino LilyPad 的板件图如图 1.9 所示。

(a) Arduino Mini    (b) Arduino LilyPad

图 1.9  小型化的 Arduino

### 1.3.1.6  Arduino 兼容控制器

Arduino 公布了原理图和 PCB 图纸,并使用了开源协议,其他厂商只要不使用 Arduino 的商标就可以自行生产兼容 Arduino 的第三方控制器。于是,支持 Arduino 的第三方控制器如雨后春笋般出现,目前 Zduino 和 DFRduino 是比较知名的兼容控制器,均拥有自己的配套开发系列套件,形成了一定的用户群体,其开发板的板件如图 1.10 所示。

### 1.3.1.7  Intel Galileo

2013 年在罗马举办的首届欧洲 Make Faire 上,Intel 对外发布了采用 x86 构架的 Arduino 开发板——Intel Galileo(图 1.11)。该控制器 Intel® Quark™ SoC X1000 应用处理器是一款 32 位、单核、单线程、与 Intel® 奔腾处理器指令集架构(ISA)兼容的处理器,运行时可实现最高 400MHz 的工作速度,支持各种业界标准 I/O 接口,包括全尺寸 mini – PCI Express ∗ 插槽、100Mb 以太网端口、microSD ∗ 插槽、USB 主机端口和 USB 客户

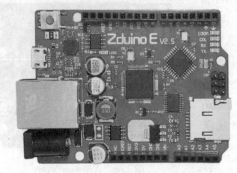
(a) Zduino

(b) DFRduino UNO

图 1.10 Arduino 兼容控制器

端端口，256MB DDR3、512KB 嵌入式 SRAM、8MB NOR 闪存和板载 8KB EEPROM 标准，还支持高达 32GB microSD 卡，可通过 Arduino 集成开发环境（IDE）进行编程。

图 1.11 Intel Galileo

### 1.3.2 Arduino 的外围模块

#### 1.3.2.1 各类传感器模块

Arduino 可以直接使用 51 单片机或 STM32 等控制器的传感器模块，通过杜邦线等线材连接传感器后就可以直接使用。Arduino 外围传感器模块如图 1.12 所示。

#### 1.3.2.2 Arduino Shield

为了方便不熟悉电子专业的开发人员使用 Arduino 平台，Arduino 官方专门制作了特殊的传感器硬件——Arduino Shield。Arduino Shield 是一种可以直接插在 Arduino 开发板上的电路扩展板。它的好处是：使用者不需要知道硬件连接方法，只需要像搭积木一样把 Arduino 开发板和 Shield 安装在一起就能进行相关传感器的开发了。

不同的 Shield 具有不同的功能。比较常见的 Shield 有 Ethernet Shield（以太网扩展板）和 Motor Shield（电机驱动扩展板）等，其板件如图 1.13 所示。

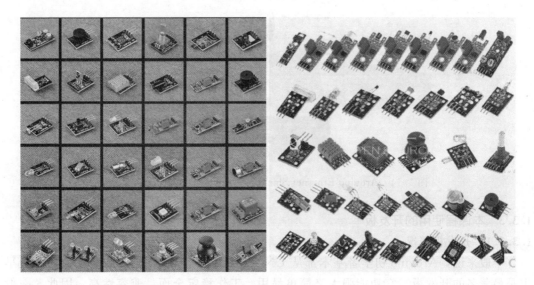

图 1.12　Arduino 外围传感器

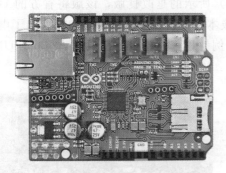

(a) Arduino Ethernet Shield

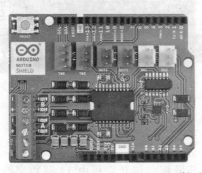

(b) Arduino Motor Shield

图 1.13　Arduino 扩展板电机驱动扩展板

　　用户只需要将它们与 Arduino 对接堆叠起来就可以进行编程操作了，方便了很多对硬件引脚不熟悉的 Arduino 初学者，效果如图 1.14 所示。

图 1.14　Arduino Ethernet Shield 与 Arduino UNO 的连接效果

### 1.3.3　本课程使用的开发板

#### 1.3.3.1　开发板概况

一般来说，Arduino 初学者基本都从 UNO 开始学习，UNO 是 Arduino 系列中最早也是最著名的开发板。它功能强大又简单易用，工作稳定全面，兼容性高。因此，一般 Arduino 入门都使用 UNO 作为自己的第一块学习板。UNO 板有很多种，图 1.16（a）所示的是意大利官方版，价格较高，而图 1.15（b）所示的是改良版，该版将官方的 USB 转串口芯片 16u2 换成了 CH340G，从而降低了成本，同时增加了排针插口，引出了电源等引脚，大大方便了用户开发。本教材后续的案例教程都是基于改良版的 Arduino UNO 硬件完成的。

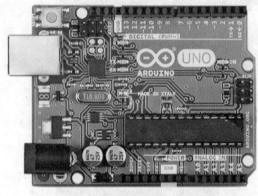

（a）官方版　　　　　　　　　　　　　　（b）改良版

图 1.15　两种 Arduino UNO 俯视图

#### 1.3.3.2　简介

Arduino UNO 是基于 ATmega328P 的单片机开发板。该开发板由 14 路数字输入/输出引脚（其中 6 路可以用作 PWM 输出）、6 路模拟输入、1 个 16MHz 的石英晶体振荡器、1 个 USB 接口、1 个电源接头、1 个 ICSP 头以及 1 个复位按钮组成。UNO 包含了单片机运行所需的所有要素，只需用 USB 连接线将其连接到计算机，利用 AC－DC 适配器或电池供电后即可启动。UNO 的特色在于将 ATmega16u2 编程为一个 USB－to－serial 转换器（改良版开发板则使用 CH340G 作为 USB－to－serial 转换器），让用户能简单、轻松和自由地安装驱动程序，实现对开发板的编程和通信功能。

"UNO"在意大利语中表示"1"的意思，Arduino UNO 顾名思义，被用于表示这是 1.0 版本的开发板。UNO 开发板和 1.0 版 Arduino 软件（IDE）为 Arduino 系列的参考版本，现在已经不断更新，原有 Arduino UNO 开发板属于 USB 系列 Arduino 开发板中的第一个型号，并作为 Arduino 平台的参考模型存在。目前 Arduino IDE 已经更新到 1.8.9 版本，并推出了 Arduino Web Editor，允许用户在线编写代码，并保存在云服务器中。

### 1.3.3.3　开发板硬件

**1. 技术参数**

Arduino UNO 的技术参数见表 1.1。

表 1.1　　　　　　　　　　　　　　Arduino UNO 的技术参数

| 微控制器 | ATmega328P |
|---|---|
| 工作电压（逻辑电平） | 5V |
| 输入电压（推荐值） | 7～12V |
| 输入电压（极限值） | 6～20V |
| 数字 I/O 引脚 | 14（其中 6 个提供 PWM 输出） |
| 模拟输入引脚 | 6 |
| 每个 I/O 引脚的 DC 电流 | 20mA |
| Flash Memory | 32KB（ATmega328），其中 2KB 被启动加载器占用 |
| SRAM | 2KB（ATmega328） |
| EEPROM | 1KB（ATmega328） |
| 时钟速度 | 16MHz |

**2. 供电方式**

Arduino UNO 有 3 种供电方式，UNO 会自动选择电压最高的电源：①通过 USB 供电；②通过电源接口供电，可输入 6～20V 未稳压外部电源；③通过引脚供电，可输入 5V 稳压外部电源。

**3. 板载指示灯及按键**

Arduino UNO 有 4 个指示灯和 1 个按键。

（1）ON：电源指示灯。当 Arduino 通电时，ON 灯会点亮。

（2）TX：串口发送指示灯。当 Arduino 通过串口发送数据时，TX 灯会点亮。

（3）RX：串口接收指示灯。当 Arduino 通过串口接收数据时，RX 灯会点亮。

（4）L：可编程控制指示灯。该灯通过电路连接至 Arduino 的 13 号引脚，可以通过编程控制该灯的亮灭，即 13 号引脚输出高电平，L 灯点亮；13 号引脚输出低电平，L 灯熄灭。

（5）Reset 是 Arduino UNO 唯一的一个按键，用于对 Arduino 进行复位。

**4. 存储空间**

ATmega328 内部存储空间有 3 种：

（1）Flash：容量 32KB，其中 2KB 被启动加载器占用，另外 30KB 用于存储用户的程序，相对于 51 单片机，容量大了很多。

（2）SRAM：容量 2KB。用于存放用户编程变量，该存储空间的数据在 Arduino 掉电后会丢失。

（3）EEPROM：容量 1KB。EEPROM 的全称为电可擦写的可编程只读存储器，是一种用户可以更改的存储器，其存储内容在 Arduino 掉电后不会丢失。

5．I/O 引脚

UNO 上的 14 个数字引脚都可用作输入或输出。它们的工作电压为 5V，均连有 1 个 20～50kΩ 的内部上拉电阻器（默认情况下断开）。每个引脚推荐提供或接受的电流值为 20 mA，输入高于 40mA 的电流会导致主控芯片损坏。

UNO 还有 6 个模拟输入引脚，每个模拟输入都提供 10 位的分辨率（即 1024 个不同的数值）。默认情况下，它们的电压为 0～5V，可以通过函数改变其范围的上限值。

作为附件功能，某些引脚还具有以下特殊用途。

（1）串口：0（RX）和 1（TX）。用于接收（RX）和发送（TX）TTL 串口数据。这些引脚与 FTDI USB 转 TTL 串口芯片的相应引脚相连。

（2）外部中断：2 和 3。这些引脚可以配置成在低值、上升或下降沿或者电值变化时触发外部中断。

（3）PWM：3，5，6，9，10，11。这些引脚可以提供 8 位的 PWM 输出。

（4）SPI：10（SS），11（MOSI），12（MISO），13（SCK）。这些引脚支持 SPI 通信，用户也可以通过软件方式在其他引脚实现 SPI 通信功能。

（5）LED：13。由 1 个内置式 LED 连至数字引脚 13。在引脚为高电平时，LED 打开；引脚为低电平时，LED 关闭。

（6）I2C：4（SDA）和 5（SCL）。用于硬件 I2C（TWI）通信，用户也可以通过软件方式在其他引脚实现 I2C 通信功能。

（7）AREF：模拟输入的参考电压。

（8）Reset：降低线路值以复位微控制器。通常用于为盾板添加复位按钮。

## 1.4　Arduino 的软件

### 1.4.1　下载和配置 Arduino 开发环境

Arduino 的开发环境配置非常简单，只需要下载 Arduino 的基础开发环境（简称 IDE）软件即可。下载地址可以在官网上寻找，也可以在 Arduino 中文社区等论坛下载汉化版本。

在 Windows 环境下，Arduino IDE 一般不需要安装，直接解压并运行 Arduino.exe 即可，Arduino IDE 的启动界面如图 1.16 所示。

### 1.4.2　认识 Arduino IDE

打开 Arduino IDE 后会出现 Arduino IDE 的主界面，如图 1.17 所示。如果界面是英文的，可选择"File"→"Preferences"菜单项，在弹出的"Preferences"窗口将

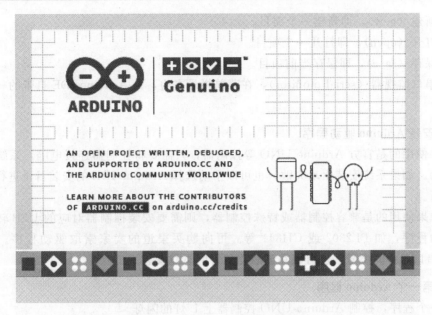

图 1.16 Arduino IDE 的启动界面

图 1.17 Arduino IDE 的主界面

"Editor Language"选择为"简体中文"即可。

工具栏的快捷工具:

- 校验（verify），即编译，校验程序有没有编写错误。
- 下载（upload），即将程序下载到 Arduino 上，下载前会先编译。

- 新建 (new), 即新建一个项目。
- 打开 (open), 即打开一个项目。
- 保存 (save), 即保存当前项目。
- 串口监视器 (serial monitor), 在菜单栏最右边, 是 Arduino IDE 自带的一个简易串口助手。

### 1.4.3  安装 Arduino 驱动程序

如果使用的是官方 Arduino UNO 等控制器, 只需要将控制器连接电脑, 系统会自行安装驱动。如果系统安装驱动失败, 也可以手动选择 Arduino IDE 的安装目录进行驱动程序的更新。

但如果使用的是兼容控制器或特殊控制器, 则需要安装控制器对应的 USB 转串口芯片的驱动程序, 如 PL2302 或 CH341 等。可向购买渠道的卖家索取驱动程序。若已知 USB 转串口芯片的型号, 也可以在该芯片的官网下载安装。

### 1.4.4  第一个 Arduino 程序

第一个程序, 控制 Arduino UNO 控制器上 L 灯的闪烁。

Arduino IDE 中提供了大量的示例程序, 我们可以通过"文件"→"示例"→ "01. Basics"→"Blink"打开示例程序, 如图 1.18 所示。

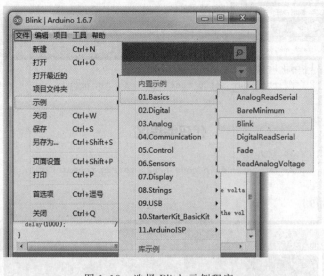

图 1.18  选择 Blink 示例程序

Blink 程序代码如下。

```
void setup(){     // 这里放置只运行一次的代码
  pinMode(13,OUTPUT);   // 设置 13 号引脚为输出状态
}

void loop(){   // 这里放置不断循环的代码
  digitalWrite(13,HIGH);   // 控制 13 号脚输出高电平
```

```
delay(1000);              //延时 1 秒
digitalWrite(13,LOW);     // 控制 13 号脚输出低电平
delay(1000);              //延时 1 秒
}
```

代码的具体含义在第 2 章再详细讲解，现在要将程序下载至 Arduino UNO。在下载之前应首先在"工具"→"开发板"中选择"Arduino UNO"，然后在"工具"→"端口"中选择目前 Arduino UNO 正在使用的端口号。如需确认 UNO 正在使用的端口号，可以在"系统工具"→"设备管理器"→"端口"一栏中找到，端口号前的名称含有"CH340"或"Arduino UNO"，如图 1.19 所示。

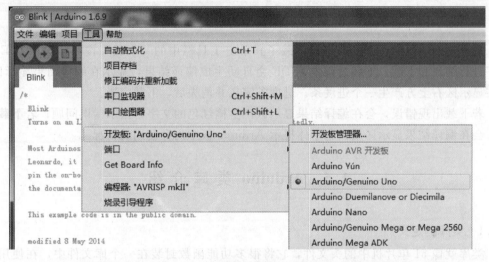

（a）选择开发板

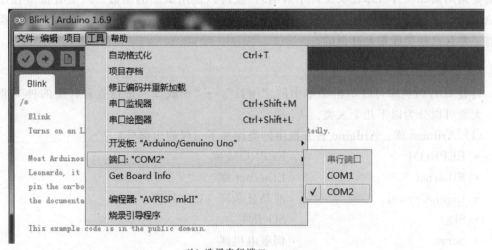

（b）选择串行端口

图 1.19（一） 下载前的步骤

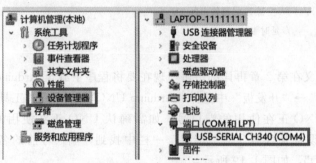

(c) 在设备管理器中查看串行端口

图 1.19（二）　下载前的步骤

选择这两项以后，就可以进行下载了。单击工具栏中的"下载"按钮，等待 IDE 对程序进行编译和下载。下载过程中，IDE 会自动生成编译结果，显示在编译结果显示区，并在显示区右上方产生一个进度条。进度条完成并消失后，下载完毕。

若下载出现错误，会在编译结果显示区产生橘红色的文字，指示错误问题；若下载成功，会在编译结果显示区用白色字体提示 Arduino 板中内存使用的情况。

## 1.5　Arduino 类库介绍

### 1.5.1　类库的定义

类库就像 51 单片机中的头文件，它将很多功能函数封装在一个库文件中，在使用时只需要调用该库文件（即在头文件中声明），就可以使用里面的函数。网上有很多程序员为 Arduino 编写了各种各样的类库，这些类库可以让 Arduino 实现各种功能或使用各类传感器，并且这些类库都是开源的。

### 1.5.2　丰富的类库资源

查看 IDE 的类库可以单击菜单中的"项目"→"加载库"进行查看，库的种类非常多，大致可以分为以下几个大类。

（1）Arduino 库：Arduino 官方提供的类库如下（仅列出部分）。

- EEPROM　　　　　　　　EEPROM 库
- Ethernet　　　　　　　　Ethernet 库
- LiquidCrystal　　　　　　液晶显示屏（LCD）库
- SD　　　　　　　　　　SD 卡库
- Servo　　　　　　　　　伺服电机库
- SPI　　　　　　　　　　SPI 总线库
- SoftwareSerial　　　　　　软件串口库
- Stepper　　　　　　　　步进电机库

- Wi‐Fi      Wi‐Fi 库
- Wire       I2C 总线库

（2）Recommended 库：由第三方编写的类库并由 Arduino 官方认可推荐（仅列出部分）。

- Adafruit GFX    Adafruit 公司编写的液晶显示图形库
- AdafruitNeoPixel  Adafruit 公司编写的彩灯库

（3）Contributed 库：由第三方厂家或用户编写的类库如下（仅列出部分）。

- OneWire     DS18B20 单总线协议库
- PS2Keyboard   PS2 键盘库
- IRremote     红外库
- DS3231      DS 系列时钟芯片库
- LedControl    以 MAX7221 或 MAX7219 为核心的数码管或 LED 点阵库
- PCD8544     Adafruit 公司编写的 LCD5110 液晶显示屏库
- Tone       无源蜂鸣器库
- MsTimer2     定时器 2 库

类库的种类繁多，下面推荐了一些优秀的 Arduino 资源平台，大家可以在这些平台中寻找类库资源，学习 Arduino 知识，分享开发心得。

国内外 Arduino 资源网：

- GitHub（美国）：https：//. github. com/

作为开源代码库以及版本控制系统，Github 拥有 140 多万开发者用户。随着越来越多的应用程序转移到了云上，Github 已经成为了管理软件开发以及发现已有代码的首选方法。

- Arduino 中文社区：www. arduino. cn/

Arduino 中文社区是国内 Arduino 爱好者自发组织的非官方、非盈利性社区，也是国内最专业的 Arduino 讨论社区，可以在这里找到各种 Arduino 相关的教程、项目、想法、资料等。

- 极客工坊‐Arduino 板块：www. geek‐workshop. com/

极客工坊是国内另一个比较好的 Arduino 学习网站，里面有大量学习资料和网友的开源案例、学习笔记等。

- Arduino‐Home（意大利）：www. arduino. cc/

Arduino 意大利官网，里面提供了最权威的 Arduino 资料，包括原理图、软件源码等。

- Arduino 吧—百度贴吧：tieba. baidu. com/arduino？fr＝ala0

Arduino 吧属于百度贴吧，如果有什么问题可以去问，不过吧友们的水平参差不齐，资源没有其他网站丰富，大家可以参考一下。

### 1.5.3　添加类库的方法

1. **方法一**：通过 Arduino IDE 中的"库管理器"添加

依次点击"项目"→"加载库"→"管理库…"来打开"库管理器"对话框，如图

1.20 和图 1.21 所示。

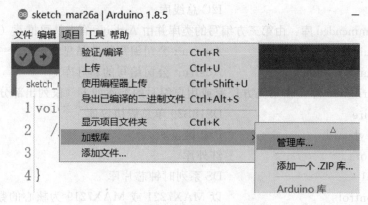

图 1.20　选择"管理库…"选项

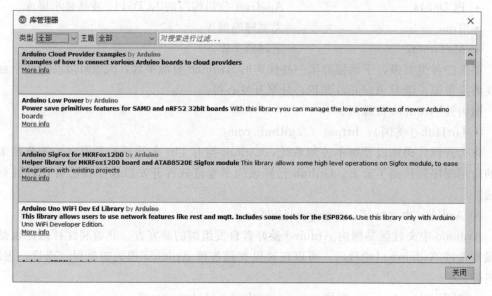

图 1.21　打开"库管理器"对话框

库管理器是 Arduino 官方搭建的库资源平台。在库管理器中，可以方便地在线下载想要的库，通过搜索栏过滤信息，筛选符合要求的库。这些库都是 Arduino 官方认证的库，在兼容性和稳定性方面都比较好。每个库都有相应的介绍，下载时还可以选择历史版本。库管理器的缺点是下载速度比较慢，库的种类相对较少。

2. 方法二：通过 Arduino IDE 中的"加载库"添加

如果在库管理器中找不到需要的库，可以在上一节推荐的资源网下载第三方库，然后导入到 Arduino IDE 中。一般下载下来的第三方库均为 ZIP 格式，此时可以通过 IDE 导入，具体方法为：依次点击"项目"→"加载库"→"添加一个 . ZIP 库"来打开"选取你想加入并含有库的 zip 文件或文件夹"对话框，选择一个库文件（ZIP 格式），单击"打开"，如图 1.22 所示。

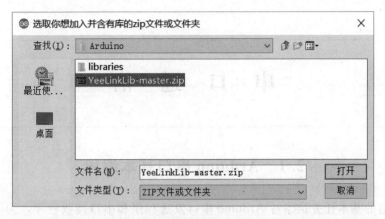

图 1.22　添加 ZIP 文件对话框

　　库文件就会自动添加到 Arduino IDE 中，此时单击"项目"→"加载库"就可以在库列表中查看到添加好的库。如果添加失败，Arduino IDE 会提醒添加失败，此时需要确定添加的文件中是否包含库文件，压缩的格式是否为 ZIP 格式。

　　3．方法三：手动添加库文件

　　如果下载到的库文件不是 ZIP 格式，或者不符合 IDE 导入的要求，此时可以手动导入库文件到 Arduino IDE 中。具体操作如下：

　　将库文件复制到"我的文档/Arduino/libraries"中，该目录就是 Arduino IDE 的类库保存目录。复制好后重新打开 Arduino IDE，就可以在库列表中看到手动添加的库了。当然，手动添加的库也必须符合 Arduino 库的文件结构要求，不符合要求的库手动添加后也是无法调用的。

　　一般来说，库文件中根目录会有一个或多个"＊.cpp"文件（图 1.23 中"LedControl.cpp"），这是库文件的执行程序。还会有"＊.h"文件（图 1.24 中"LedControl.h"），这是库文件的声明文件；还可能有"keywords.txt"，这是库中标注的关键字，这个文件会让库函数的关键字在 Arduino IDE 中高亮（即颜色为橙色）。最后，库文件可能包含"examples"文件夹，里面存放着该库的示例程序。

| 名称 | 修改日期 |
|---|---|
| examples | 2015/4/27 2:28 |
| keywords.txt | 2015/4/27 2:28 |
| LedControl.cpp | 2015/4/27 2:28 |
| LedControl.h | 2015/4/27 2:28 |
| library.properties | 2015/4/27 2:28 |
| LICENSE | 2015/4/27 2:28 |
| README.md | 2015/4/27 2:28 |

图 1.23　LedControl 库中包含的文件

# 第 2 章

# 串 口 通 信

## 2.1 Arduino 串口基本编程

串口通信的基本任务是编写 Arduino 串口发送程序和串口接收程序,为了方便演示,可将发送和接收编写在同一个程序中,当单片机收到串口数据,就将该数据原封不动地从串口再次发送出去。Arduino 串口的发送与接收如图 2.1 所示。

图 2.1 Arduino 串口的发送与接收

### 2.1.1 实验器材

串口通信实验器材如图 2.2 所示。

- Arduino UNO 板×1
- Arduino UNO Mini USB 数据线×1

### 2.1.2 基本原理

Arduino UNO 的引脚分为数字引脚和模拟引脚两类。数字引脚一般以大写字母 D 开头,共有 14 个,分别为 D0~D13,其中硬件串口使用了 D0(RX)和 D1(TX)2 个引脚;而模拟引脚一般以大写字母 A 开头,一共有 6 个,分别为 A0~A5。模拟引脚也可以作为数字引脚使用,但数字引脚不能作为模拟引脚使用。Arduino UNO 的引脚如图 2.3 所示。

图 2.2 串口通信实验器材

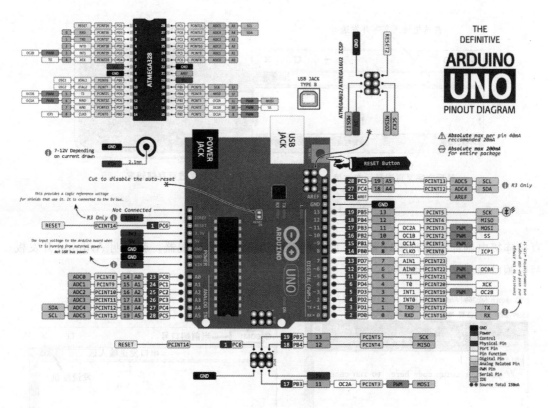

图 2.3 Arduino UNO 的引脚图

Arduino UNO 开发板没有配置数码管、流水灯等显示器件，想要直观地查看单片机运行状态或内部变量的值就会比较麻烦。为了解决这个问题，Arduino 的开发者将串口通信设计得非常方便。在硬件上，Arduino UNO 板自带 USB 转串口芯片，可以很方便地使用 USB 接口进行串口通信；在软件上，Arduino IDE 自带串口助手功能，并且简化了串口编程，其 Serial.print 方法可以让任意数据转换为字符串显示在串口助手上。

因此，在 Arduino 开发中，串口输出就是 Arduino 的显示窗口，它不仅可以显示变量信息，还可以进行编程调试，并得知单片机目前的运行状态，代替键盘、按键等输入设备。在以后的开发调试过程中，都需要用到串行通信功能，这是 Arduino 开发的基础功能。

本任务的基本流程是：先通过 Arduino IDE 的串口助手发送字符"Hello world!"给单片机，单片机收到字符后再转发给电脑的串口助手显示。任务流程如图 2.4 所示。

### 2.1.3 准备工作

将 Arduino UNO 通过 USB 连接电脑，确保驱动工作正常。

若驱动工作正常，打开 Arduino IDE，单击 Arduino IDE 右上角的放大镜图标（串口监视器），可以打开 IDE 的串口助手，如图 2.5 所示。

Arduino IDE 内置的串口监视器是一个简易的串口助手，串口助手界面如图 2.6 所示，它可以和 Arduino 开发板进行串口通信，Arduino 开发板一般自带 USB 转串口芯片，

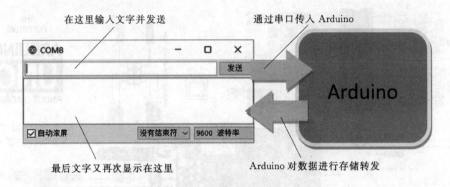

图 2.4　Arduino 串口通信任务流程

直接连接电脑即可进行串口通信。如果能够成功打开串口监视器，就说明 Arduino 开发板与电脑已经建立串口连接了。

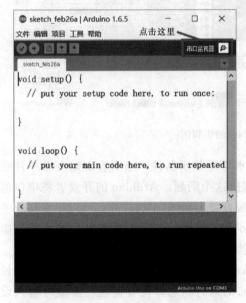

图 2.5　打开 Arduino IDE 的串口助手

图 2.6　Arduino IDE 串口助手界面

## 2.1.4　编写程序

程序示例：Arduino 串口接收电脑发送的字符，然后将接收的字符转发给电脑显示。

```
StringInputString = "";
voidsetup(){
    Serial. begin(9600);
}
voidloop(){
    while(Serial. available()＞0) {
```

```
        InputString += char(Serial. read());
        delay(2);
    }
    if(InputString. length()> 0){
        Serial. println(InputString);
        InputString = "";
    }
}
```

程序编写完成后,将程序下载到 Arduino 开发板,然后打开 Arduino IDE 串口助手,在发送栏写几个字符,按发送,看看结果,如图 2.7 所示。

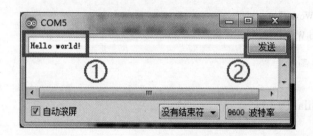

图 2.7　效果

## 2.1.5　Arduino 串口相关函数介绍

1. 串行口初始化函数

【原型】

Serial. begin (BAUD);

【功能】

设置串口波特率并初始化串行口,其中参数 BAUD 为波特率,一般为 9600。函数没有返回值。

【示例】

Serial. begin (9600);

2. 串口忙检测函数

【原型】

Serial

【功能】

函数用于检测串口是否可用,并返回一个 bool 值,返回 1 表示串口闲置,可以使用;返回 0 表示串口忙,请等待串口闲置。该函数仅用于 Leonardo 板。

【示例】

```
while(! Serial){
    ; // 等待串口闲置
}
```

【注意】

该函数仅用于 Leonardo 板。

3. 串行发送字符函数

【原型】

Serial. println（VAL）；

Serial. print（VAL）；

【功能】

将参数 VAL 通过串口发送出去，波特率由串口初始化函数决定，其中参数 VAL 为待发送的数据，函数没有返回值。前者发送字符串口会自动回车，后者不会。

【示例】

Serial. print("Hello World!");

Serial. println("Hello World!");

4. 缓冲区查询函数

【原型】

boolSerial. available ()；

【功能】

用于检查串行接收缓冲区内有没有数据。若缓冲区内有字符说明接收到了数据，返回值为 1；若无数据，返回值为 0。

【示例】

```
if(Serail. available()){
    //读取操作
}
```

5. 串行接收函数

【原型】

intSerial. read ()；

【功能】

用于读取缓冲区内的数据，每次读取操作后，缓冲区内数据个数减 1。

【示例】

```
if(Serail. available()＞0){
    char Rev = Serial. read();
}
```

## 2.2　Arduino 串口高级编程

### 2.2.1　高阶技巧——配置串口通信数据位、校验位、停止位

通常使用 Serial. begin（speed）来完成串口的初始化。这种方式只能配置串口的波特

率，而使用 Serial. begin（speed，config）可以配置数据位、校验位、停止位等。

例如 Serial. begin（9600，SERIAL _ 8E2）是将串口波特率设为 9600，数据位 8，偶校验，停止位 2。

config 可用配置见表 2.1。

表 2.1                              config 可 用 配 置

| config 可选配置 | 数据位 | 校验位 | 停止位 | config 可选配置 | 数据位 | 校验位 | 停止位 |
|---|---|---|---|---|---|---|---|
| SERIAL _ 5N1 | 5 | 无 | 1 | SERIAL _ 5E2 | 5 | 偶 | 2 |
| SERIAL _ 6N1 | 6 | 无 | 1 | SERIAL _ 6E2 | 6 | 偶 | 2 |
| SERIAL _ 7N1 | 7 | 无 | 1 | SERIAL _ 7E2 | 7 | 偶 | 2 |
| SERIAL _ 8N1 | 8 | 无 | 1 | SERIAL _ 8E2 | 8 | 偶 | 2 |
| SERIAL _ 5N2 | 5 | 无 | 2 | SERIAL _ 5O1 | 5 | 奇 | 1 |
| SERIAL _ 6N2 | 6 | 无 | 2 | SERIAL _ 6O1 | 6 | 奇 | 1 |
| SERIAL _ 7N2 | 7 | 无 | 2 | SERIAL _ 7O1 | 7 | 奇 | 1 |
| SERIAL _ 8N2 | 8 | 无 | 2 | SERIAL _ 8O1 | 8 | 奇 | 1 |
| SERIAL _ 5E1 | 5 | 偶 | 1 | SERIAL _ 5O2 | 5 | 奇 | 2 |
| SERIAL _ 6E1 | 6 | 偶 | 1 | SERIAL _ 6O2 | 6 | 奇 | 2 |
| SERIAL _ 7E1 | 7 | 偶 | 1 | SERIAL _ 7O2 | 7 | 奇 | 2 |
| SERIAL _ 8E1 | 8 | 偶 | 1 | SERIAL _ 8O2 | 8 | 奇 | 2 |

### 2.2.2 高阶技巧——if（Serial）的用法

当串口被打开时，Serial 的值为真；串口被关闭时，Serial 的值为假。这个方法只适用于 Arduino Leonardo 开发板和 Arduino Micro 开发板。这两个开发板是比较特殊的 Arduino 开发板，它们可以用串口模拟电脑的键盘和鼠标对电脑进行操作。只有 Leonardo 和 Micro 开发板的 Serial 类，即模拟电脑外设的那个串口，才能使用该方法。

例如以下程序，当没有使用串口监视器打开串口时，程序就会一直循环运行while（! Serial）｛;｝；当打开串口监视器，程序会退出 while 循环，开始 loop 中的程序。

```
voidsetup(){
  Serial. begin(9600);
  while(! Serial){;}
}
voidloop(){
}
```

### 2.2.3 高阶技巧——read 和 peek 输入方式的差异

串口接收到的数据都会暂时存放在接收缓冲区中，使用 read（）与 peek（）都是从接收缓冲区中读取数据。不同的是，使用 read（）读取数据后，会将该数据从接收缓冲区移除；而使用 peek（）读取时，不会移除接收缓冲区中的数据。

下面两个程序说明了 read 和 peek 的差别，请细的观察运行结果。

23

```
char col;
voidsetup(){
    Serial. begin(9600);
}
voidloop(){
    while(Serial. available()>0){
        col=Serial. read();
        Serial. print("Read:");
        Serial. println(col);
        delay(1000);
    }
}

char col;
voidsetup(){
    Serial. begin(9600);
}
voidloop(){
    while(Serial. available()>0){
        col=Serial. peek();
        Serial. print("Read:");
        Serial. println(col);
        delay(1000);
    }
}
```

### 2.2.4　高阶技巧——串口读入 int 型数据

使用串口监视器向 Arduino 开发板发送的数字其实是字符串类型的，如果要对这些数字进行比较和计算，就必须把它们转换为数值类型的数据，例如 int 或 char 类型。下面的示例程序演示了如何将收到的字符变成 int 型的数据。

```
while(Serial. available()> 0)
{
    int inChar = Serial. read();
    if (isDigit(inChar))
    {
        inString +=(cher)inChar;
    }
    i=inString. toInt();
}
```

### 2.2.5　高阶技巧——输出不同进制的文本

使用 Serial. print（val，format）的方法输出不同进制的文本。其中参数 val 是需要输出的数据，参数 format 是需要输出的进制形式，可以使用的参数包括 BIN（二进制）、DEC（十进制）、OCT（八进制）、HEX（十六进制）。

例如，使用 Serial.print（123，BIN），可以在串口调试器上看到 1111011，这是 123 的二进制表达方式。使用 Serial.print（123，HEX），可以在串口调试器上看到 7B，这是 123 的 16 进制表达方式。

### 2.2.6 高阶技巧——修改串口缓冲区大小

Arduino 串口缓冲区默认为 64 字节，如果单次传输的字节较多，可以在 Arduino 安装文件的根目录找到"\ hardware \ arduino \ cores \ arduino \"文件夹，然后打开"HardwareSerial.cpp"文件，这里可以使用记事本等工具，找到"#define SERIAL _ BUFFER _ SIZE 64"行代码，把它修改为"#define SERIAL _ BUFFER _ SIZE 128"，修改完后保存，这样 Arduino 就有 128 字节的串口缓冲区了。

## 2.3 Arduino 软件串口通信（软件串口）

本节任务的目标是：让两台电脑通过 Arduino 进行串口通信，效果如图 2.8 所示。既然电脑和 Arduino 可以直接通过 USB 接口进行串口通信，那两台 Arduino 之间呢？由于两台 Arduino 已经使用硬件串口和电脑通信了，为了能够实现 Arduino 之间的通信，就要使用软件串口进行通信。

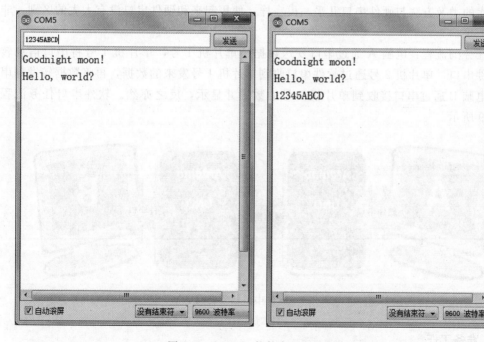

图 2.8 Arduino 软件串口发送与接收

### 2.3.1 实验器材

- Arduino UNO 板×2

- Arduino UNO Mini USB 数据线×2
- 杜邦线（母对母）×2

### 2.3.2 基本原理

Arduino UNO 的芯片内有一个专门的硬件负责串口通信。该硬件内置了 64 个字节（可修改为 128 个字节）的串行缓冲器的储存空间，可以调节时钟改变串行通信速率，并将输入/输出接口连接到引脚 D0 和 D1。通过硬件方式实现的串口称为硬件串口。

软件串口（SoftwareSerial）与硬件串口相对应，它是一种使用软件方法模拟硬件串口的串口。它通过 CPU 的时序完成串行时钟同步，在 RAM 开辟空间作为串行通信缓冲区，可以设置通信引脚。

与硬件串口相比，软件串口的优势在于，它可以让 Arduino 使用所有数字引脚进行串行通信，并且串口速度可以达到 115200bps。当然，软件串口也有它的不足之处，由于它使用单片机内部资源模拟串口通信，相对于使用独立芯片负责通信的硬件串口而言，软件串口的通信没那么稳定，特别是波特率较高，通信数据量较大的情况下，可能会出现丢包或发送失败等问题。但对于大多数情况下的通信，软件串口还是能够很好地胜任。

Arduino 的硬件串口能够直接连接电脑，因此硬件串口主要用于开发调试，而软件串口就成了 Arduino 真正的通信串口了。为了方便用户使用软件串口功能，官方提供了官方 SoftwareSerial 库，该库内置在 Arduino IDE 中，并包含了很多功能示例程序，最重要的是，该库的类及方法与硬件串口几乎一模一样，使用起来和硬件串口没有太大的区别，非常容易上手。

本任务的流程：电脑 A 通过串口发送数据给单片机 1 号，单片机 1 号将串口信息转发给软件串口，单片机 2 号通过软件串口收到单片机 1 号发来的数据，再将数据转发到串口上，电脑 B 通过串口接收到单片机 2 号的数据并显示，反之亦然。软件串口任务流程如图 2.9 所示。

图 2.9 软件串口任务流程

### 2.3.3 准备工作

将两个 Arduino 的 D11、D10 引脚互接，即 D11 接 D10，D10 接 D11，硬件电路连接如图 2.10 所示。然后将两个 Arduino 分别连接到不同的电脑上，在两台电脑上都打开 Arduino IDE。

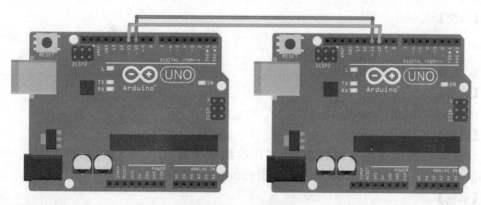

图 2.10　硬件电路连接 1

### 2.3.4　编写程序

以"SoftwareSerial"示例。

```
♯include ＜SoftwareSerial. h＞
SoftwareSerial mySerial(2,3)；  // 通信引脚设置，第一个参数是 RX，第二个是 TX
voidsetup(){
  Serial. begin(57600)；           //打开串行通信，设置波特率 57600
  Serial. println("Goodnight moon!")；//硬件串口发送数据，发给电脑
  mySerial. begin(4800)；          // 打开软件串口，设置波特率 4800
  mySerial. println("Hello,world?")；//软件串口发送数据，发给另一台单片机
}
voidloop(){
  if(mySerial. available())  //软件串口接收
    Serial. write(mySerial. read())；  //收到的数据从硬件串口发出
  if(Serial. available())  //硬件串口接收
    mySerial. write(Serial. read())；//收到的数据从软件串口发出
}
```

注意，两个 Arduino 开发板都要下载上述程序。

最后，分别打开两台电脑的 Arduino IDE 的串口助手，看看接收栏中出现了什么，然后在发送栏写几个字符，单击"发送"，看看另一台电脑有什么效果，步骤如图 2.11 所示。

### 2.3.5　SoftwareSerial 类库相关函数介绍

1. 软件串口设置函数

【原型】

SoftwareSerial mySerial ＝ Software-Serial (RXpin，TXpin)；

【功能】

设置软件串口的引脚。

图 2.11　软件串口通信实验步骤

【示例】

SoftwareSerial mySerial = SoftwareSerial(2,3);

## 2. 软件串行口初始化函数

【原型】

mySerial. begin（speed）；

【功能】

设置串行通信速度（波特率）。支持的波特率有 300、1200、2400、4800、9600、14400、19200、28800、31250、38400、57600 和 115200。

【示例】

mySerial. begin(9600);

## 3. 软件串口忙检测函数

【原型】

mySerial. available（）

【功能】

获取字节数（字符），可用于读取软串行端口。读取已经到达并存储在串行接收缓冲区的数据。

【示例】

```
if(mySerial. available()> 0){
    mySerial. read();
}
```

## 4. 串行发送字符函数

【原型】

mySerial. println（VAL）；

mySerial. print（VAL）；

【功能】

将参数 VAL 通过串口发送出去，波特率由串口初始化函数决定，其中参数 VAL 为字符串格式变量，函数没有返回值。前者发送字符串口会自动回车，后者不会。

【示例】

mySerial. print("Hello World!");

mySerial. println("Hello World!");

## 5. 软件串口缓冲区查询函数

【原型】

boolmySerial. available（）；

【功能】

用于检查串行接收缓冲区内有没有数据。若缓冲区内有字符说明接收到了数据，返回值为 1；若无数据，返回值为 0。

【示例】

```
if(mySerail. available()){
    //读取操作
}
```

6. 软件串行接收函数

【原型】

intmySerial. read ();

【功能】

用于读取缓冲区内的数据。

【示例】

```
if(mySerial. available()>0){
    char Rev = mySerial. read();
}
```

# 2.4 多 机 串 口 通 信

一台 Arduino 通过串口分别控制三台 Arduino 的 LED 灯点亮和熄灭，如何通过一根串口线控制三台机器呢？

## 2.4.1 实验器材

- Arduino UNO 板×4
- Arduino UNO Mini USB 数据线×4
- 杜邦线若干

## 2.4.2 基本原理

由于多机通信一般都采用总线网络，所以多机通信的特点是：发送端发送的信息都会通过总线传给所有接收端，即每一个接收端都会收到这条信息，如图 2.12 所示。既然每一个接收端都能收到信息，那如何选择性地控制某一台或几台单片机呢？

在说明多机通信原理之前，先看一个例子。老师上课点名回答问题的时候，老师会如何让指定同学起立回答问题呢？首先老师需要知道该同学的姓名或学号，然后告知该名同学需要起立回答问题。那么老师会对全班同学说："请1号同学起立回答问题"。如果1号同学在课堂上并听到了这句话，他就会站起来回答问题，而其他同学则不会站起来。

在这个例子中，老师能够成功让1号同学起立回答问题，主要因为以下几个因素：①全班同学都有自己唯一的"地址"——学号，并知晓自己的学号；②老师说出了学生的学号和该学号学生需要执行的命令；

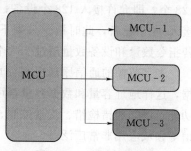

图 2.12　通信系统框图

③1 号同学知道老师叫的是自己，而其他同学知道老师叫的不是自己；④只有 1 号同学执行了起立回答问题的命令，其他同学没有执行命令。

可以看出，以上案例就是一个多机通信的案例，所有"主机"（老师）和"从机"（学生）都在一个"总线"（教室）上，老师点名其实就是对所有"从机"（学生）发送指令。为什么只有 1 号学生执行指令呢？因为老师命令中，有两个关键指令，第一是"学号"，也就是多机通信中的"地址"，第二就是"起立回答问题"命令，也就是多机通信中的"数据"。这就是地址与数据的概念，在通信中，只有包含这两个信息，才能实现多机通信功能。

在多机控制中，应遵守以下几个原则：

（1）所有设备都有一个唯一的地址，且每台设备都知道自己的地址和其他设备的地址。

（2）所有设备在发送数据前，必须加上要接收的设备的地址。

（3）每一台设备接收到了数据，都要先查看数据前的地址是否与自己的地址一样。

（4）如果接收数据中的地址与自己的地址一样，则保存收到的数据，若不一样，则丢弃该数据。

若所有设备均按照上述规则执行，则可以在总线中让指定设备执行指定操作了。

那么上面的规则如何在编程中实现？其实很简单，关键在于如何划分地址和数据。以最简单的方法为例，一个串口字符帧的长度是 1B，即 8 位，那么可以将 8 位数据中的某些位作为地址，某些位作为数据。例如：将前 2 位作为地址，后 6 位作为命令，则设备地址有 00、01、10、11 共 4 个地址，设备命令有 000000、000001、…、111111 共 64 条命令。这样规定好后，就可以给从机分配地址了，例如 MCU-1 的地址为 00，MCU-2 的地址为 01，MCU-3 的地址为 10。分配好地址，可以分配一下指令，指令有 64 条可以使用，先使用头两个，例如：000001 表示打开 LED 灯，000000 表示关闭 LED 灯。

分配好地址指令后，就可以进行通信编程了。在发送设备发送命令时，要指定这个信息是发给谁的，例如发送 0X01（00 000001），这条命令是发给 MCU-1 的，因为头两位为 00（MCU-1 的地址），命令则是 000001，打开 LED 灯。接收设备收到这条信息后，会判断信息的头两位（地址）是否与自己分配到的地址一样，如果地址一样就继续读取后面的命令，如果地址不同就放弃后面的命令，这样就实现了指令的过滤。

需要注意的是，地址和数据的划分要根据设备个数和指令个数来确定。例如，上述案例中，若指令只有 2 个，则只需要分配 1 位作为数据（2 个指令），此时，地址可以达到128 个，即允许接入 128 个设备；若设备总量只有 45 个，则可以分配 6 位作为地址，可接入 64 个设备，此时指令只剩下 4 个可以使用了。单字节帧可以实现简单的多机通信，若指令数量和设备数量超过 256 个，则需要使用多字节帧来通信。

多字节帧的通信原理也很简单，可以使用某几个字节作为地址，某几个字节作为数据，这样地址容量和数据容量都可以变得很大。除此以外，还可以使用某些字符实现各种功能，例如纠错检错、流量控制、连接管路、状态统计等。多字节帧在网络通信和移动通信等领域应用非常广泛。

### 2.4.3 准备工作

　　硬件电路连接如图 2.13 所示，这里使用软件串口进行通信，将 1 台 Arduino 的 11 号脚（TX）分别连接到 3 台不同 Arduino 的 10 号脚（RX）上。

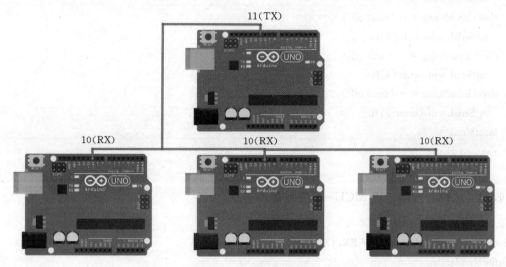

图 2.13　硬件电路连接 2

### 2.4.4 编写程序

发送端（主机）代码：

```
#include <SoftwareSerial.h>
SoftwareSerial mySerial(10,11); // RX, TX
String InputString = "";
byteorder[6] = {0x01,0x00,0x41,0x40,0xC1,0xC0};
voidsetup(){
    Serial.begin(9600);
    Serial.println("demo test.");
    mySerial.begin(9600);
    mySerial.write(order[1]); //关闭 MCU-1 LED
    mySerial.write(order[3]); //关闭 MCU-2 LED
    mySerial.write(order[5]); //关闭 MCU-3 LED
}
voidloop(){
    while(Serial.available()){
        InputString +=(char)Serial.read();
        delay(2);
    }
    if(InputString.length()> 0){
        if(InputString == "mcu1 on")
            mySerial.write(order[0]);
```

```
    elseif(InputString == "mcu1 off")
        mySerial. write(order[1]);
    elseif(InputString == "mcu2 off")
        mySerial. write(order[2]);
    elseif(InputString == "mcu2 off")
        mySerial. write(order[3]);
    elseif(InputString == "mcu3 off")
        mySerial. write(order[4]);
    elseif(InputString == "mcu3 off")
        mySerial. write(order[5]);
    InputString = "";
    }
}
```

**接收端（从机）代码，以 MCU - 1 为例：**

```
#include <SoftwareSerial. h>
SoftwareSerial mySerial(10,11); // RX,TX
#defineMyAddr 0;
voidsetup(){
    pinMode(13,OUTPUT);
    Serial. begin(9600);
    Serial. println("demo test. ");
    mySerial. begin(9600);
}
voidloop(){
    while(Serial. available()){
        char RECV = Serial. read();
        if((RECV>>6)==MyAddr){ //是本机(MCU-1)地址
            if((RECV&0x3F)== 0)   //命令为000000
                digitalWrite(13,LOW);
            else                //命令为000001
                digitalWrite(13,HIGH);
        }
        delay(2);
    }
}
```

　　这里仅列出了主机和 MCU - 1 从机的程序示例，另外两台从机的程序与 MCU - 1 的示例类似，只是改变了地址。编写另外两个从机的程序代码，分别下载到 Arduino 开发板上，需要注意的是 MCU - 1 地址为 00，MCU - 2 的地址为 01，MCU - 3 的地址为 10。其实还可以增加第 4 台从机，这里由于篇幅关系不再详细展开，请自行完成。

# 第 3 章

# 小 车 平 台

## 3.1 搭 建 小 车 平 台

本节要求搭建一辆两轮小车，小车包含直流电机、298N 驱动板和 Arduino UNO 控制器和一个小车硬件平台，调试软件使小车能够被单片机驱动和控制。无线小车硬件如图 3.1 所示。

### 3.1.1 实验器材

小车平台实验器材如图 3.2 所示。

· 小车底盘套件×1，内含：

（减速电机＋车轮）×2

万向轮×1

底盘及螺丝若干

· 5V 电池盒（含电池）×1 或者 USB 移动电源×1

· L298N 电机驱动模块×1（直插版或贴片版）

· Arduino UNO 板×1

· 杜邦线 若干

图 3.1　无线小车硬件

### 3.1.2 基本原理

目前市面上 L298N 电机驱动模块有两种类型，分别为直插版和贴片版，这里列出两种 L298N 电机驱动模块的引脚图和功能图，如图 3.3 所示。其中 IN1、IN2 控制 OUT1、OUT2，IN3、IN4 控制 OUT3、OUT4，5V 给 L298N 供电，12V 给电机供电。

L298N 电机驱动模块的调试方法如下：

当 IN1 和 IN2 为一个高电平一个低电平时，电机 1 开始运作，例如：IN1 高电平、IN2 低电平时，电机 1 正转，反之，电机 1 反转。当 IN1 和 IN2 电平相同（同为高电平或同为低电平）时，电机 1 停止。同理，当 IN3、IN4 分别为高电平和低电平时，电机 2 开始运作；当 IN3 和 IN4 电平相同时，电机 2 停止。

L298N 的控制表见表 3.1。通过这张控制表，可以清晰地看到 IN1～IN4 是如何控制电机 1、电机 2 进行运转的，编程时需要根据控制表编写程序。

弄清楚轮子如何正转反转后，如何利用两个轮子控制小车左右移动呢？通过图 3.4 讲

*33*

(a) 小车底盘硬件示意图

(b) 5V 电池盒　　　　　　　　(c) 移动电源　　　　　　　(d) L298N 电机驱动模块直插版

(e) L298N 电机驱动模块贴片版　　　　　　　　　(f) 杜邦线

图 3.2　小车平台实验器材

解两轮小车的移动控制方法。两轮同时向前，则小车前进；两轮同时向后，则小车后退；左轮向前，右轮向后，小车右转；左轮向后，右轮向前，小车左转。

　　为了更好地控制小车，可以使用 PWM 引脚控制 L298N 的 IN1～IN4，利用 PWM 脉冲调节电机的运转速度，从而可以改变小车的行进速度，还可以对小车的转向进行微调，从而得到更加平滑控制体验。PWM 控制小车的内容留给同学们开发体验。

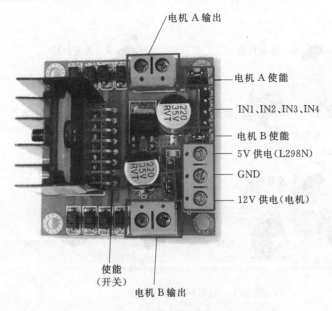

（a）直接插版

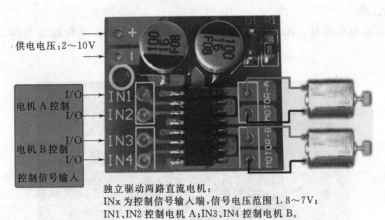

独立驱动两路直流电机：
INx 为控制信号输入端，信号电压范围 1.8～7V；
IN1、IN2 控制电机 A；IN3、IN4 控制电机 B。

（b）贴片版

图 3.3 两种 L298N 模块的引脚功能图

| 表 3.1 | | L298N 的控制表 | | | |
| --- | --- | --- | --- | --- | --- |
| IN1 | IN2 | IN3 | IN4 | 电机 1 | 电机 2 |
| 高电平 | 高电平 | | | 停止 | |
| 高电平 | 低电平 | | | 正转 | |
| 低电平 | 高电平 | | | 反转 | |
| 低电平 | 低电平 | | | 停止 | |
| | | 高电平 | 高电平 | | 停止 |
| | | 高电平 | 低电平 | | 正转 |
| | | 低电平 | 高电平 | | 反转 |
| | | 低电平 | 低电平 | | 停止 |

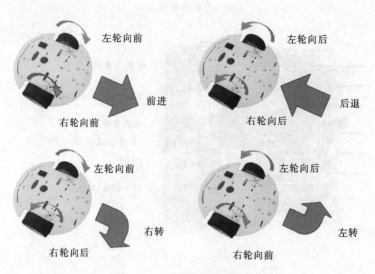

图 3.4　小车控制原理图示

### 3.1.3　准备工作

首先，组装小车底盘，小车底盘的硬件种类很多，这里以两轮底盘为例，完成效果如图 3.5 所示。

图 3.5　成品示例

然后，连接电路，如图 3.6 所示。这里 Arduino Nano 开发板的核心硬件和 Arduino UNO 是一样的，只是 PCB 板的尺寸不同，大家对应 Arduino UNO 的引脚连接即可。

最后，将 Arduino 开发板和 L298N 安装到小车上，当然，这里安装的仅仅是驱动小车移动的电子器件，后期，还可以给小车安装各类传感器和动作单元，成品效果示意图如图 3.7 所示。

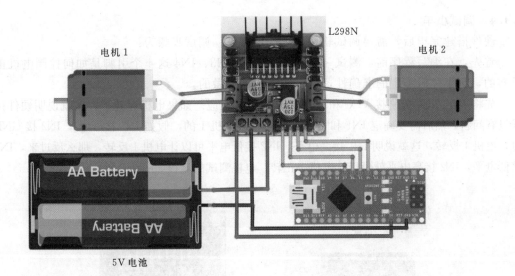

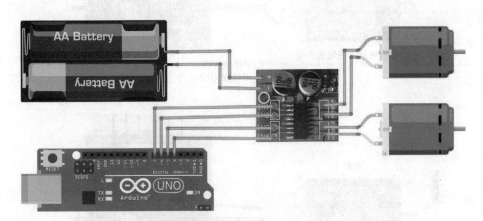

图 3.6 小车电路连接图

图 3.7 小车平台成品示例

### 3.1.4 调试小车

硬件搭建完毕后，需要调试软件让硬件动起来。调试步骤为：

首先，在编写程序前，测试一下 IN1、IN2、IN3、IN4 这 4 个引脚是如何控制电机正反转的，为了之后编程的准确性，这一步是必须要做的。

先将 IN1、IN2 分别接 VCC 和 GND，观察电机反应。如果电机运转了，这就说明硬件接线没有问题，然后需要确定 IN1 和 IN2 是如何控制电机 1 的，假如 IN1 接 VCC，IN2 接 GND 时，电机 1 反转，这就说明 IN1 接高电平，IN2 接低电平可以让电机 1 反转，那么反过来，IN1 接低电平，IN2 接高电平就可以让电机 1 正转。电机测试的流程如图 3.8 所示。

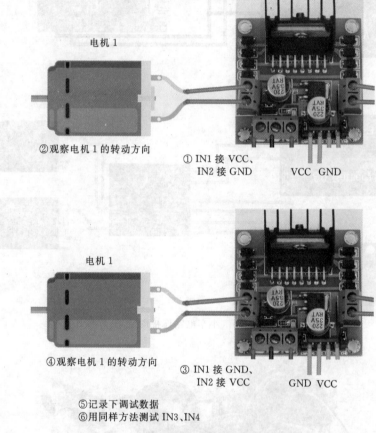

图 3.8 电机测试流程

使用同样的方法测试 IN3 和 IN4，并将测试结果制作成一张 L298N 控制表，然后根据 L298N 控制表编写小车控制程序。在没有无线控制器的情况下，先通过有线串口让小车实现前进、后退、左转、右转等功能。

## 3.2 制 作 无 线 小 车

本任务的要求是，使用无线射频模块制作一个无线控制器，如图 3.9 所示，用于控制

小车移动。这里需要使用无线射频模块。无线
射频模块的种类很多，推荐使用支持无线透传
的无线射频模块。支持无线透传的射频模块会
极大地减少开发难度和开发周期。无线模块一
般成对使用，一个安装在小车上，另一个安装
在控制手柄上。

图 3.9　无线手柄示意图

### 3.2.1　实验器材

无线射频模块的种类很多，推荐使用
433MHz 频段的无线模块。433MHz 的射频模块
通信距离远，干扰少，特别适合航模控制。433MHz 频段的无线模块也有很多型号，市面
上主要的产品有 Si44XX 系列、SX 系列、CC1101 系列等，模块硬件如图 3.10 所示。这
里使用的是 CC1101 无线模块，价格大约为 20 元一块，由于该模块成对使用，因此要买
两块。该模块可以兼容 5V 电源，直线空旷通信距离为 200m。

（a）SX1278

（b）Si4463

（c）CC1101

图 3.10　433MHz 频段的无线模块

- CC1101 无线模块×2
- Arduino UNO 板×1
- 杜邦线 若干

### 3.2.2　基本原理

#### 3.2.2.1　无线串口

无线串口就是利用串口进行无线通信。更形象地讲，就是将串口通信的有线变成无
线。无线串口必须支持"透明传输"。所谓"透明传输"就是指无论所传数据是什么样
的比特组合，都应当能够在链路上传送。在传输过程中，对协议、硬件、物理链路等
都是"透明"的，无论传的是什么，透传设备都会把传输的内容完好地传给对方，如图
3.11 所示。

#### 3.2.2.2　CC1101 模块简介

CC1101 无线模块的通信频段为 433MHz。该模块拥有多种串口透传模式，可以方便
地使用串口进行无线通信功能。模块内置 AT 指令设置模式，用户无须对模块编程即可实
现模块设置功能，并允许掉电保存，使用起来方便快捷。模块还具有休眠功能，通信时不

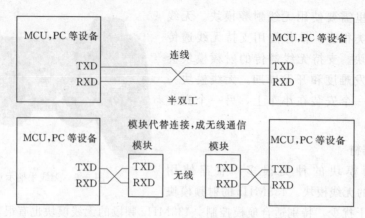

图 3.11 "无线串口"示例图

限发送字节数，运行功耗低，传输距离远，内部的无线通信协议可以保障通信质量。

这里使用的是基于 CC1101 芯片开发的 HC-11 模块，其硬件图如图 3.12 所示。

### 3.2.3 准备工作

HC-11 无线模块一般成对使用，只要通信模块的通信地址一致、通信通道相同，就可以互相通信。因此，通信时需要注意区分地址和通道。修改模块通信地址和通道的方法如下：

准备一块 USB 转串口模块，将 HC-11 与电脑相连。USB 转串口模块如图 3.13 所示，这里使用的是 CH340G USB 转串口模块。

图 3.12 HC-11 模块硬件图

图 3.13 CH340G USB 转串口模块

USB 转串口模块的引脚接法可以参考表 3.2 来连接。

表 3.2 　　　　　　　　　USB 转串口模块的引脚接线表

| USB 转串口模块 | CC1101 | USB 转串口模块 | CC1101 |
|---|---|---|---|
| RX | TX | GND | GND |
| TX | RX | GND | SET |
| 5V | VCC | | |

接通模块电源后（3～5V），再将第 5 引脚（SET 脚）拉低（一直为低），模块就处在 AT 指令模式了。若要退出指令模式，则将第 5 引脚（SET 脚）拉高即可。

在电脑上安装 CH340G 的驱动，然后打开串口助手，如图 3.14 所示。

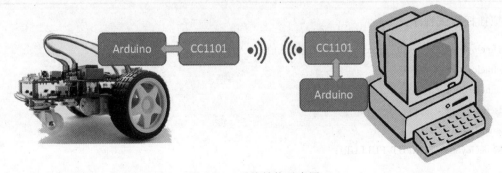

图 3.14　串口助手

输入以下指令：

（1）AT。发送这个命令，将返回 OK 字符。

例：发 AT 返回 OK

（2）AT＋Bxxxx。将波特率设为 xxxx。

这个值可为 2400，4800，9600，19200，38400，57600，115200。

例如：发 AT＋B4800 返回 OK－4800

发 AT＋B115200 返回 OK－115200

（3）AT＋Cxxx。设置通信频道。其中 xxx 为通道号，可以选择 000～127 其中一个。

例：发 AT＋C058 返回 OK－058

以上仅为部分 AT 命令示例，更多内容详见模块说明书。注意，模块将无条件接收同地址同通道模块发送的数据，为了通信时不被其他模块干扰，大家要区分好地址和通道号，也可以在串行通信协议中添加控制命令，防止干扰。

将一个 Arduino 与 CC1101 连接，然后连接到电脑上；将另一个 Arduino 和 CC1101 连接，然后安放在小车上，系统结构示意图如图 3.15 所示。

图 3.15　系统结构示意图

HC-11 与 Arduino 的连接方法可以参考表 3.3 来连接。

表 3.3                                 HC-11 与 Arduino 的引脚连接表

| HC-11 | Arduino | HC-11 | Arduino |
| --- | --- | --- | --- |
| VCC | 5V | RX | TX |
| GND | GND | SET | D8 |
| TX | RX | | |

### 3.2.4 编写程序

小车硬件连接好后，可以使用串口来控制小车移动。但是如果使用电脑串口助手来控制，总会有些不方便，需要使用模拟摇杆来控制小车，如图 3.16 所示，模拟摇杆与 Arduino 的引脚连接见表 3.4。

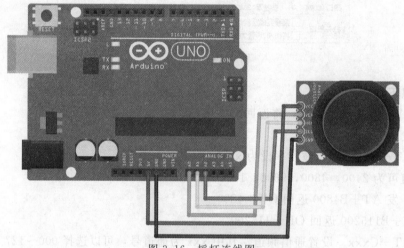

图 3.16 摇杆连线图

表 3.4                              模拟摇杆与 Arduino 的引脚连接表

| 模拟摇杆 | Arduino | 模拟摇杆 | Arduino |
| --- | --- | --- | --- |
| VCC | 5V | Hor（Y） | A1 |
| GND | GND | SEL（Z） | A2 |
| Ver（X） | A0 | | |

模拟摇杆调试程序：

```
#defineJoyStick_X      A0   //x,y,z轴接在模拟输入的 A1,A0,A2
#defineJoyStick_Y      A1
#defineJoyStick_Z      A2
voidsetup(){
  Serial. begin(9600);
pinMode(JoyStick_Z,INPUT_PULLUP);
}
```

```
voidloop(){
  intx,y,z;
  x = analogRead(JoyStick_X);
  y = analogRead(JoyStick_Y);
  z = analogRead(JoyStick_Z);
  Serial. print("X=");
  Serial. print(x);
  Serial. print(" Y=");
  Serial. println(y);
  if(digitalRead(JoyStick_Z)== 0){    //SW 引脚按下去时输出 0
    Serial. println("Button=On");
  }else{
    Serial. println("Button=Off");
  }
  delay(100);
}
```

这里仅仅列出了读取模拟摇杆 $x$、$y$、$z$ 轴读数并显示在串口的示例程序，使用摇杆控制小车的程序，需要同学们自行编程完成。

提示：

（1）小车端接收程序与之前编写的小车串口控制程序相比没有什么太大的变化，主要还是使用串口接收，然后判断字符，控制电机驱动小车移动。唯一需要注意的是建议将硬件串口变成软件串口进行通信，硬件串口留作调试使用。

（2）控制端（手柄）程序的主要内容是通过串口程序发送控制命令，串口再将命令发送到无线传感器上，发送的命令内容就是小车的控制指令。这里也建议将硬件串口变成软件串口进行通信，硬件串口留作调试使用。

（3）注意，为了方便控制，小车每收到一个命令，车轮应该运行一小段时间（如50ms）就停下，只有连续收到该命令才会一直执行，而不是收到一次命令就一直执行该命令，这样容易在通信出现问题时让小车无法控制。

最后，将程序下载到 Arduino，试试看，能不能控制小车行走。

**第 4 章**

# 红 外 通 信

## 4.1 Arduino 接收红外遥控器数据

本节要求使用 Arduino 接收红外遥控器发出的指令，并显示在串口监视器上，效果如图 4.1 所示。

图 4.1 红外接收、解码并显示

### 4.1.1 实验器材

红外通信实验器材如图 4.2 所示。

- Arduino UNO 板×1
- 红外遥控器（NEC 协议）×1
- 红外接收传感器 HX1838（带屏蔽罩）×1
- 面包板×1
- 面包线 若干

（a）红外遥控器和 HX1838

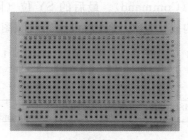
（b）面包板

（c）面包线

图 4.2　红外通信实验器材

## 4.1.2　基本原理

### 4.1.2.1　红外遥控系统

通用红外遥控系统由发射和接收两大部分组成，应用编/解码专用集成电路芯片来进行控制操作。发射部分包括键盘、编码调制、LED，其中"键盘"就是红外遥控器的按钮，"编码调制"是由遥控器内部的编码调制芯片完成的，调制好的信号由"LED"（红外LED 灯）发射出去。接收部分包括光/电放大、解调、解码，其中"光/电放大"是由红外接收传感器实现的。它将红外光转换为电信号并放大，传输到解调器中解调，解调后的信号就是数字信号了。这些信号被送到解码芯片中解码，最后实现相应的遥控功能。红外通信系统框图如图 4.3 所示。

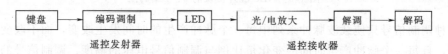

图 4.3　红外通信系统框图

### 4.1.2.2　遥控发射器及其编码

市面上大多数的红外遥控发射器都内置红外协议。当发射器的某个按键被按下后，遥控器就会发射红外编码信息，按下的键不同，遥控编码也不同。目前，红外遥控编码的格式通常有两种，即 NEC 协议格式和 RC5 协议格式，这里主要讲解应用相对广泛的 NEC协议。NEC 红外协议编码图如图 4.4 所示，NEC 协议的一个数据帧中包含了引导码、用户码、用户码的反码、数据码、数据码的反码和 SY 位（同步位）。

图 4.4　NEC 红外协议编码图

NEC 红外协议中，引导码由 9ms 的载波信号和 4.5ms 的低电平构成，作为先导，引导码的作用是告诉接收端，数据就要来到。接下来是有效数据位，共有 32 位，分别是一个 8 位用户码（Address），一个 8 位用户码的反码（$\overline{\text{Address}}$），一个 8 位数据码（Command）和一个 8 位数据码的反码（$\overline{\text{Command}}$）。最后的 SY 位（同步位）用于标志数据帧结束，它由 0.56ms 的载波信号构成。NEC 红外协议编码时隙图如图 4.5 所示。

图 4.5　NEC 红外协议编码时隙图

### 4.1.2.3　"0 码""1 码"编码规则及载波频率

NEC 红外协议的 0、1 编码图如图 4.6 所示，"1"码和"0"码的区别在于，"1"码震荡脉冲后低电平的时间比"0"码震荡脉冲后低电平的时间要长 1 倍。所以，当编写"0"码时，该位的时间长度为 1.125ms，当编写"1"码时，该位的时间长度为 2.25ms，由于两者之间的时间长度有一倍之差，接收端可以轻松地区分该位是"0"码还是"1"码了。

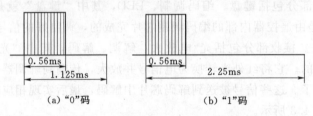

图 4.6　NEC 红外协议的 0、1 编码图

这种调制信号只使载波脉冲系列中每一个脉冲产生的时间发生改变，而不改变其形状和幅度，且每一个脉冲产生时间的变化量比例与调制信号电压的幅度、调制信号的频率无关的调制，称为脉冲位置调制，简称脉位调制（PPM）。

最后，要把红外信号发射出去，还要发射得又远又稳定，就需要一个高频载波来搭载编码信号，也就是协议帧中出现的震荡电平。红外信号一般都使用特定频率的震荡信号，例如频率为 38kHz 的方波脉冲，其占空比为 1/3。高电平持续时间 8.7$\mu$s，整个方波周期为 26.3$\mu$s，这种频率的载波信号可以让红外光传输得又远又稳定，红外载波频率图如图 4.7 所示。

载波频率＝fose/12＝38kHz
频率:38kHz;占空比:1/3。

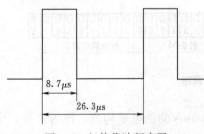

图 4.7　红外载波频率图

### 4.1.2.4　HX1838 红外接收传感器

红外接收一般使用红外接收传感器来实现，其中较为常见的红外接收传感器为 HX1838，该传感器一般带金属屏蔽头，用于定向接收，实物图和引脚图如图 4.8 所示。

HX1838 红外接收头可以接收红外光信号，并对高频载波进行过滤，留下编码信号，这样就把遥控器发射的红外信号还原为数字编码信号了，可以交给解码芯片进行解码。HX1838 滤波过程如图 4.9 所示。

46

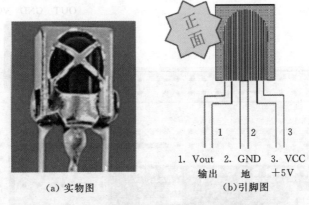

（a）实物图        （b）引脚图

图 4.8   HX1838 红外接收头

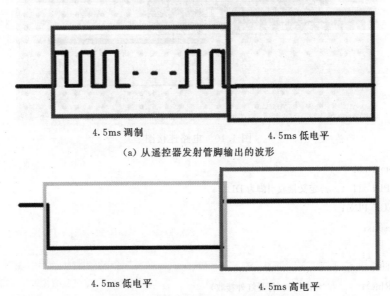

图 4.9   HX1838 滤波过程

### 4.1.3 准备工作

这里，我们要使用单片机代替解码芯片，将 Arduino UNO 和 HX1838 插入面包板，如图 4.10 所示，通过面包线将它们连接好，连接时可以参考表 4.1 来连接。

表 4.1            **Arduino 与 HX1838 的引脚连接表**

| Arduino UNO | HX1838 | Arduino UNO | HX1838 |
|---|---|---|---|
| 5V | VCC | D11 | OUT |
| GND | GND | | |

### 4.1.4 编写程序

红外解码程序：通过 Arduino 对红外遥控的按键命令进行解码，并通过串口显示。

47

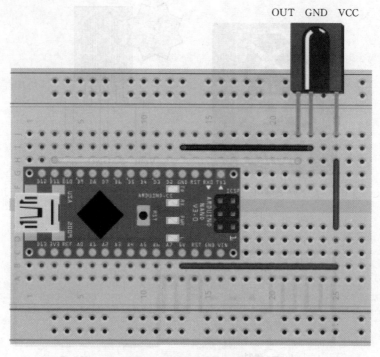

OUT GND VCC

图 4.10 电路连接图

```
#include <IRremote.h>
#define RECV_PIN  11      //定义接收引脚为 D11
IRrecv irrecv(RECV_PIN);
decode_results results;
void setup(){
  Serial.begin(9600);
  irrecv.enableIRIn();      // 允许接收(打开红外接收)
}
void loop(){
  if (irrecv.decode(&results)) {
    Serial.println(results.value,HEX);
    irrecv.resume();      // 接收下一个字符
  }
}
```

红外解码高级程序：可以判断接收的是哪一种编码，共多少位，并显示各个位的高低电平持续时间。

```
#include <IRremote.h>
#define RECV_PIN  11
IRrecv irrecv(RECV_PIN);
decode_results results;
```

```
void setup(){
    Serial. begin(9600);
    irrecv. enableIRIn();
}
void loop(){
    if (irrecv. decode(&results)) {
        Serial. println(results. value, HEX);
        dump(&results);
        irrecv. resume();
    }
}
void dump(decode_results * results){
    int count = results->rawlen;
    if (results->decode_type == UNKNOWN) {
        Serial. print("Unknown encoding:");
    }
    else if (results->decode_type == NEC) {
        Serial. print("Decoded NEC:");
    }
    else if (results->decode_type == SONY) {
        Serial. print("Decoded SONY:");
    }
    else if (results->decode_type == RC5) {
        Serial. print("Decoded RC5:");
    }
    else if (results->decode_type == RC6) {
        Serial. print("Decoded RC6:");
    }
    else if (results->decode_type == JVC) {
        Serial. print("Decoded JVC:");
    }
    Serial. print(results->value, HEX);
    Serial. print("(");
    Serial. print(results->bits, DEC);
    Serial. println(" bits)");
    Serial. print("Raw(");
    Serial. print(count, DEC);
    Serial. print("):");

    for (inti = 0; i < count; i++) {
        if ((i % 2) == 1) {
            Serial. print(results->rawbuf[i] * USECPERTICK, DEC);
```

```
    }
    else {
      Serial. print(-(int)results->rawbuf[i] * USECPERTICK,DEC);
    }
    Serial. print(" ");
  }
  Serial. println("");
}
```

### 4.1.5 IRremote 类库接收相关函数介绍

1. 红外接收引脚设置函数

【原型】

IRrecv irrecv(RECV _ PIN);

【功能】

设置红外接收的引脚。

【示例】

IRrecv irrecv(11);

2. 红外接收结果对象

【原型】

decode _ results results;

【功能】

用于存放红外接收的结果。

【示例】

Serial. println(results. value, HEX);

3. 红外接收使能函数

【原型】

irrecv. enableIRIn();

【功能】

用于打开红外接收功能。

4. 红外解码函数

【原型】

irrecv. decode(&results)

【功能】

对接收结果进行解码。

5. 接收下一个数据函数

【原型】

irrecv. resume()

【功能】

用于等待接收下一个数据。

## 4.2  利用 Arduino 发送红外数据

本节要求使用 Arduino 实现红外遥控器功能，能够发送红外遥控器指令码，操作投影机等红外设备。

### 4.2.1  实验器材

红外发射管如图 4.11 所示。

- Arduino UNO 板×1
- 红外发射管×1
- 面包板×1
- 面包线 若干

### 4.2.2  基本原理

和红外接收原理一致，本次任务使用单片机代替编码芯片，控制红外 LED 灯发送 NEC 红外编码信号，发射编码图如图 4.12 所示。

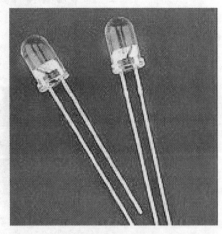

图 4.11  红外发射管

在编写 NEC 发射编码外，首先需要调制一个 38kHz 的方波载波，该方波的占空比为 1/3，38kHz 方波示意图如图 4.13 所示。不过由于可以调用强大的 IRremote 库，这些红外编码底层代码不用编写，调用库函数就可以实现了。

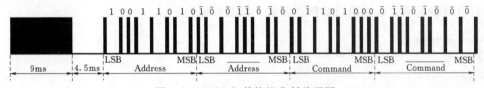

图 4.12  NEC 红外协议发射编码图

### 4.2.3  准备工作

首先，连接红外发射管电路，电路图如图 4.14 所示。

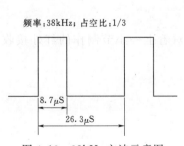

图 4.13  38kHz 方波示意图

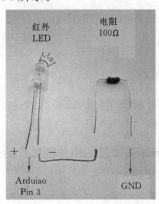

图 4.14  红外发射管电路图

这里，可以使用面包板来连接电路，面包板连接示意图如图 4.15 所示。

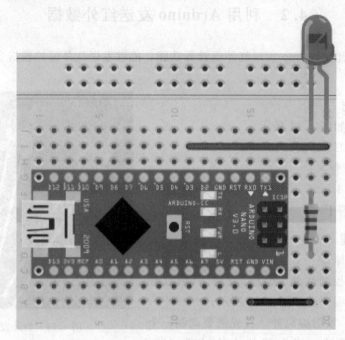

图 4.15　面包板连接示意图

### 4.2.4　编写程序

红外发射示例：收到串口数据就发射一段红外编码。

```
#include <IRremote.h>
IRsend irsend;
void setup(){
  Serial.begin(9600);
}
void loop() {
  if (Serial.read()! = -1) {
    irsend.sendNEC(0x00FFAABB,32);
    delay(40);
  }
}
```

大家试试下载程序，然后将红外 LED 灯对着上一小节制作的红外接收板发射数据，看能不能接收到"0xAABB"的数据。

### 4.2.5　IRremote 类库发送相关函数介绍

1. 红外发送对象

【原型】

IRsend irsend;

【功能】

设置红外发送对象。

2. 红外发送函数（NEC 红外协议）

【原型】

irsend. sendNEC(DAT，Bits)；

【功能】

用于发送 NEC 协议格式红外数据，其中参数 DAT 为要发送的数据，参数 Bits 为发送位数。同理，也可以使用"sendSONY"等方法发送 SONY 等协议的红外数据。

【示例】

irsend. sendNEC(0x00FFAABB，32)；

# 第 5 章

# 蓝 牙 通 信

本章节要求使用手机蓝牙软件连接蓝牙模块，实现 Arduino 与手机的蓝牙通信，可以使用 Arduino 向手机上传数据，也可以使用手机控制 Arduino 进行相关操作。

## 5.0.1　实验器材

蓝牙通信实验器材如图 5.1 所示。

　　（a）杜邦线　　　　　　　（b）具有蓝牙功能的手机　　　　（c）HC-05 蓝牙模块

图 5.1　蓝牙通信实验器材

- Arduino UNO 板×1
- HC-05 蓝牙模块×1
- 具有蓝牙功能的智能手机（推荐使用安卓系统）×1
- 杜邦线若干
- 手机需要安装"蓝牙串口 APP"（注意，APP 支持的蓝牙协议需要与模块一致）

## 5.0.2　基本原理

### 5.0.2.1　蓝牙串口模块

蓝牙串口模块就是使用串口通信的蓝牙模块，使用方法与之前学习的无线串口模块是一样的，都支持透明传输。无线串口模块的工作频段为 433MHz 频段，而蓝牙串口模块的工作频段一般为 2.4GHz 频段，蓝牙 5.0 协议则支持 5GHz 频段。

蓝牙串口模块中自带蓝牙协议，不同型号的模块所支持的蓝牙协议也不同，例如，HC-05 和 HC-06 支持蓝牙 2.0 协议，JDY-31 支持蓝牙 3.0 协议，CC2541 支持蓝牙4.0 协议，上述模块的硬件图如图 5.2 所示。

不同的蓝牙模块，其内部的控制指令（AT 指令）也是不同的，有些模块的 AT 指令比较丰富，可以对蓝牙模块进行详细的设置，有些模块的 AT 指令则比较精简，只能对基

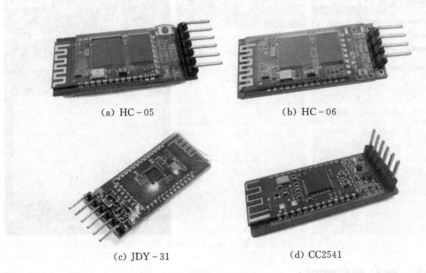

(a) HC - 05          (b) HC - 06

(c) JDY - 31          (d) CC2541

图 5.2 硬件图

本的通信功能进行设置。这里介绍 HC - 05 蓝牙模块，它的 AT 指令是比较全面的，基本可以设置蓝牙模块的所有功能，而其他的蓝牙模块，为了方便用户使用，都对 AT 指令进行了简化，例如 HC - 06 模块，其 AT 指令仅满足基本的通信功能设置，CC2541 虽保留了大部分主要的 AT 指令功能，但 CC2541 模块只能作为从模块使用，不能主动连接其他蓝牙。因此，这里推荐大家优先学习 HC - 05 模块。

#### 5.0.2.2 蓝牙串口 APP

为了让手机能够与蓝牙模块配对和通信，需要一款专门的软件，即蓝牙串口 APP。蓝牙串口 APP 可以理解为手机中的串口助手软件，是蓝牙调试软件中的一种，苹果和安卓的 APP 商店都有相关软件可以下载。这里推荐使用安卓手机，因为支持安卓系统的蓝牙 APP 会更丰富一些，例如蓝牙串口助手 PRO、蓝牙串口 V4.0、蓝牙串口调试助手等，如图 5.3 所示，有些蓝牙软件还可以将操作界面换成游戏手柄，支持方向键、摇杆甚至重力感应操作，如果掌握安卓 APP 开发，也可以自己制作一个蓝牙串口 APP。

### 5.0.3 准备工作

#### 5.0.3.1 Android 手机安装蓝牙串口 APP

这里以 Amarino 蓝牙串口为例来讲解手机蓝牙串口软件。首先，下载并安装 Amarino 软件，Amarino 目前更新到第二代 0.55 版，可以扫描图 5.4 的二维码进行下载。Amarino 仅支持安卓系统。如果使用的是苹果手机，请到苹果应用商店中搜索相关软件。

安装 Amarino 后，先给蓝牙模块上电，然后启动 Android 的蓝牙，打开 Amarino 客户端。单击 "Add BT Device"，开始搜索设备，如图 5.5 所示。

搜索到设备后，单击 "Connect"，连接蓝牙模块，如图 5.6 所示。若连接成功，连接按钮上方的灯会变成绿色。同时，蓝牙模块的状态灯也会由 "连续闪烁" 变成 "缓慢闪2下"。

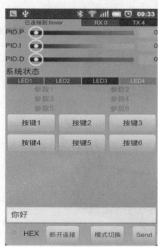
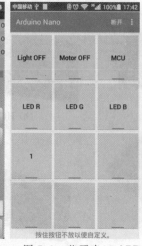
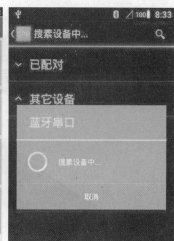

图 5.3　蓝牙串口 APP

图 5.4　Amarino 下载

这时，单击"Monitoring"按钮可以看到蓝牙的连接信息，如图 5.7 所示。

单击文本输入框，输入字符，然后单击"Send"按钮，输入的数据就通过蓝牙发出去了，如图 5.8所示。需要注意的是，Amarino 在每个发送的数据前会加一个"Flag"字符，这个 Flag 字符默认值为"A"，这个值可以改变但不能去掉。而且，Amarino在每个发送的数据后还会加一个结束符，这个结束符同样不能去掉。

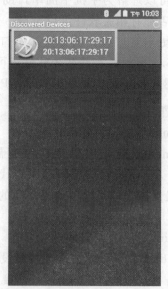

(a) Amarino 主界面　　　　　(b) 搜索新设备

图 5.5　界面图

图 5.6　连接设备

图 5.7　进入发送页面

目前 Arduino 是没有任何显示的，因为电路没有连接，程序也还没有下载，图 5.8 （b）只是演示示例。

### 5.0.3.2　Arduino 连接蓝牙模块

HC－05 与 Arduino UNO 的电路连接图如图 5.9 所示，连接电路时，HC－05 和 Arduino UNO 的引脚连接可以参考表 5.1 来连接。

（a）文本输入框　　　　　　　（b）演示示例

图 5.8　发送数据示例

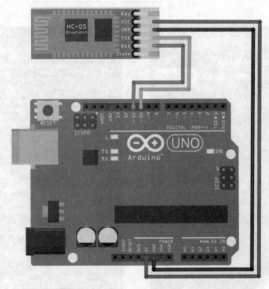

图 5.9　HC-05 与 Arduino UNO 的电路连接图

表 5.1　　　　　　　　　　HC-05 和 Arduino UNO 的引脚连接表

| HC-05 | Arduino | HC-05 | Arduino |
|---|---|---|---|
| VCC | 5V | TXD | D10 |
| GND | GND | RXD | D11 |

## 5.0.4　编写程序

　　准备工作完成后就可以开始编程了。程序功能很简单，收到任意字符串，都会显示在串口上，并在前面加上"You just sended："字样，如果收到字符串"Who are you"，串口监视器会增加一行字符串"Hello I am amarino"。

```
#include <SoftwareSerial.h>
SoftwareSerial mySerial(10,11); // RX,TX
String REV_str = "";
void setup(){
  mySerial.begin(9600);
  Serial.begin(9600);
  Serial.println("BT Demo.");
}
void loop(){
  while(mySerial.available())
    {
      REV_str += (char)mySerial.read();
      delay(2);
    }
  if(REV_str.length()> 0){
  REV_str = REV_str.substring(1,REV_str.length()- 1);//用于去掉开始字符 Flag 和结束字符
  Serial.print("You just sended:");
  Serial.println(REV_str);
  if(REV_str == "Who are you"){
    Serial.println("Hello I am amarino");
  }
  REV_str = "";
  }
}
```

### 5.0.5　蓝牙模块部分 AT 指令
#### 5.0.5.1　HC - 05 模块的模式

HC - 05 模块具有两种模式：工作模式和 AT 模式。

在工作模式下模块能够正常的通信，在该模式下，模块又可作为主（Master）、从（Slave）和回环（Slave - Loop）三种工作角色。当模块处于主角色时，可以主动连接其他蓝牙设备；当模块处于从角色时，只能被动等待其他蓝牙设备连接；当模块处于回环角色时，可以对蓝牙数据中继转发，即收到一个蓝牙设备的数据，转发给另一个蓝牙模块。

在 AT 模式下，模块不能进行通信，但是可以对蓝牙内部的各种信息和功能进行设置，例如设置工作角色、通信速率或蓝牙设备的名称等。进入 AT 模式的方法是按住蓝牙模块上的按钮然后再给蓝牙模块上电，如图 5.10 所示。如果成功进入 AT 模式，蓝牙上的 LED 灯会非常缓慢地闪烁。

图 5.10　AT 模式按钮

### 5.0.5.2 HC-05 模块 AT 模式的硬件连接

进行 AT 模式设置前,需要将 HC-05 接入电脑,这里需要一个 USB 转串口模块,电路连接图如图 5.11 所示。这个模块也可以使用 Arduino 板来代替,只需要在 Arduino 中下载 SoftSerial 示例程序即可,将 Arduino 板模拟成一个 USB 转串口模块。

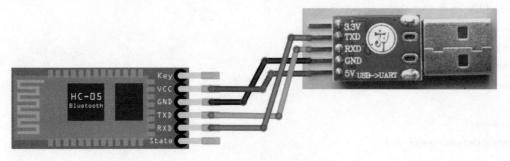

图 5.11 电路连接图

目前,市场上常见的 HC-05 模块都有一个专用的设置软件,界面如图 5.12 所示。大家也可以使用串口助手进行操作。

图 5.12 HC-05 专用 AT 设置软件

### 5.0.5.3 HC-05 AT 指令集

以下是一些常用的 AT 指令集,若想查看完整的 AT 指令,请查看模块手册。需要注意的是,AT 指令不区分大小写,每条指令均以回车或换行字符结尾,即"\r\n",否则模块无法识别该指令。

1. 测试指令

【指令】AT

【响应】OK

【参数】无

【功能】用于测试模块是否处于 AT 模式，检测 AT 指令是否正常。

【示例】无

2. 模块复位（重启）

【指令】AT+RESET

【响应】OK

【参数】无

【功能】用于重启模块。

【示例】无

3. 获取软件版本号

【指令】AT+VERSION

【响应】+VERSION：<Param>

　　　　OK

【参数】Param：软件版本号

【功能】用于查询模块的软件版本。

【示例】at+version \ r \ n

　　　　+VERSION：2.0－20100601

　　　　OK

4. 恢复默认状态（出厂状态）

【指令】AT+ORGL

【响应】OK

【参数】无

【功能】用于让模块恢复出厂状态。

【示例】出厂默认状态：

　　（1）设备类：0。

　　（2）查询码：0x009e8b33。

　　（3）模块工作角色：Slave Mode。

　　（4）连接模式：指定专用蓝牙设备连接模式。

　　（5）串口参数：波特率为 38400bits/s；停止位为 1 位；校验位无。

　　（6）配对码："1234"。

　　（7）设备名称："H－C－2010－06－01"。

5. 获取模块的蓝牙 MAC 地址

【指令】AT+ADDR

【响应】+ADDR：<Param>

　　　　OK

【参数】Param：模块蓝牙地址

【功能】用于获取模块的蓝牙 MAC 地址，蓝牙地址表示方法为 NAP：UAP：LAP，例如 12：34：56：ab：cd：ef。

【示例】at＋addr \ r \ n

　　　　＋ADDR：1234：56：abcdef

　　　　OK

6. 设置/查询设备名称

【指令】AT＋NAME=＜Param＞（设置）　　　AT＋NAME（查询）

【响应】OK（设置）　　　　　　　　　　　　＋ADDR：＜Param＞（查询）

　　　　　　　　　　　　　　　　　　　　　OK

【参数】Param：蓝牙设备名称

【功能】用于设置/查询模块的蓝牙设备名称，默认名称为 "HC-05"。

【示例】AT＋NAME=HC-05 \ r \ n //设置模块设备名为："HC-05"

　　　　OK

　　　　at＋name=Beijing \ r \ n //设置模块设备名为："Beijing"

　　　　OK

　　　　at＋name \ r \ n

　　　　＋NAME：Beijing

　　　　OK

7. 设置/查询模块角色

【指令】AT＋ROLE=＜Param＞（设置）　　　AT＋ROLE（查询）

【响应】OK（设置）　　　　　　　　　　　　＋ROLE：＜Param＞（查询）

　　　　　　　　　　　　　　　　　　　　　OK

【参数】Param：参数取值如下：

　　　　0：从角色（Slave）

　　　　1：主角色（Master）

　　　　2：回环角色（Slave-Loop）

【功能】用于设置/查询模块的工作角色，默认角色为从角色（Param 值为 0）。从角色（Slave）只能被动连接；回环角色（Slave-Loop）被动连接，接收远程蓝牙主设备数据并将数据原样发送给另一个远程蓝牙主设备；主角色（Master）查询周围蓝牙从设备，并主动发起连接，从而建立透明数据传输通道。

【示例】无

8. 设置/查询访问模式

【指令】AT＋INQM=＜Param＞，＜Param2＞，＜Param3＞（设置）

【响应】OK（设置）

【指令】AT＋INQM（查询）

【响应】＋INQM：＜Param＞，＜Param2＞，＜Param3＞（查询）

　　　　OK

【参数】Param：查询模式

　　　　0——inquiry _ mode _ standard

　　　　1——inquiry _ mode _ rssi

　　　　Param2：最多蓝牙设备响应数

　　　　Param3：最大查询超时，超时范围：1～48（折成时间：1.28～61.44s）

【功能】用于设置/查询模块的访问模式，默认设置为 1，1，48。

【示例】AT＋INQM＝1，9，48 \ r \ n//设置访问模式：带 RSSI 信号强度指示，超过 9 个蓝牙设备响应则终止查询，设定超时为 48 ＊ l.28＝61.44 秒。

　　　　OK

9. 设置/查询配对码

【指令】AT＋PSWD＝＜Param＞（设置）　　　AT＋PSWD（查询）

【响应】OK（设置）　　　　　　　　　　　　　＋PSWD：＜Param＞（查询）

　　　　　　　　　　　　　　　　　　　　　　OK

【参数】Param：配对码

【功能】用于设置/查询模块的配对码，默认配对码为"1234"。

【示例】无

10. 设置/查询串口参数

【指令】AT＋UART＝＜Param＞，＜Param2＞，＜Param3＞（设置）

【响应】OK（设置）

【指令】AT＋UART（查询）

【响应】＋UART＝＜Param＞，＜Param2＞，＜Param3＞（查询）

　　　　OK

【参数】Param：波特率（bits/s），可取值有：4800、9600、19200、38400、57600、115200、23400、460800、921600、1382400。

　　　　Param2：停止位，可取值有：

　　　　0：1 位

　　　　1：2 位

　　　　Param3：校验位，可取值有：

　　　　0：None（无校验）

　　　　1：Odd（奇校验）

　　　　2：Even（偶校验）

【功能】用于设置/查询模块的串口参数，默认设置为 9600，0，0。

【示例】AT＋UART＝115200，1，2，\ r \ n

　　　　OK

11. 设置/查询连接模式

【指令】AT＋CMODE＝＜Param＞（设置）　　　AT＋CMODE（查询）

【响应】OK（设置）　　　　　　　　　　　　　＋CMODE：＜Param＞（查询）

　　　　　　　　　　　　　　　　　　　　　　OK

【参数】Param：

　　0：指定蓝牙地址连接模式（指定蓝牙地址由绑定指令设置）

　　1：任意蓝牙地址连接模式（不受绑定指令设置地址的约束）

　　2：回环角色（Slave－Loop）

【功能】用于设置/查询模块的连接模式，默认设置为"指定蓝牙地址连接模式"。

【示例】无

12. 设置/查询绑定蓝牙地址

【指令】AT＋BIND＝＜Param＞（设置）　　　　AT＋BIND（查询）

【响应】OK（设置）　　　　　　　　　　　　＋BIND：＜Param＞（查询）

　　　　　　　　　　　　　　　　　　　　　OK

【参数】Param：绑定蓝牙地址，需要使用"1234，56，abcdef"格式。

【功能】用于设置/查询模块的绑定蓝牙地址，在绑定前需要先设置蓝牙的连接模式。

【示例】无

　　下面列出 AT 指令错误代码说明，如果遇到错误代码，可以对照查看错误的内容，AT 指令错误代码说明见表 5.2。

表 5.2　　　　　　　　　　　　　AT 指令错误代码说明表

| error_code (十六进制数) | 注　释 | error_code (十六进制数) | 注　释 |
| --- | --- | --- | --- |
| 0 | AT 命令错误 | F | 配对码长度为零 |
| 1 | 指令结果为默认值 | 10 | 配对码太长（超过 16 个字节） |
| 2 | PSKEY 写错误 | 11 | 模块角色无效 |
| 3 | 设备名称太长（超过 32 个字节） | 12 | 波特率无效 |
| 4 | 设备名称长度为零 | 13 | 停止位无效 |
| 5 | 蓝牙地址：NAP 太长 | 14 | 校验位无效 |
| 6 | 蓝牙地址：UAP 太长 | 15 | 配对列表中不存在认证设备 |
| 7 | 蓝牙地址：LAP 太长 | 16 | SPP 库没有初始化 |
| 8 | PIO 序号掩码长度为零 | 17 | SPP 库重复初始化 |
| 9 | 无数 PIO 序号 | 18 | 无效查询模式 |
| A | 设备类长度为零 | 19 | 查询超时太大 |
| B | 设备类数字太长 | 1A | 蓝牙地址为零 |
| C | 查询访问码长度为零 | 1B | 无效安全模式 |
| D | 查询访问码数字太长 | 1C | 无效加密模式 |
| E | 无效查询访问码 | | |

## 第 6 章

# RFID 通 信

## 6.1 读取 RFID 标签的 ID

本任务要求能够使用 Arduino 控制 RC522 模块读取 S50 卡的 ID 号,从而能对不同的 S50 进行识别,并制作 RFID 方面的小应用。

### 6.1.1 实验器材

RFID 通信实验器材如图 6.1 所示。

(a) RFID 模块 RC522          (b) S50 标签卡

图 6.1 RFID 通信实验器材

- Arduino UNO 板×1
- RFID 模块 RC522(含电子标签卡)×1
- 杜邦线 若干

### 6.1.2 基本原理

#### 6.1.2.1 RFID

射频识别(Radio Frequency Identification,简称 RFID),又称无线射频识别,是一种通信技术,可通过无线电讯号识别特定目标并读写相关数据,而无需识别系统与特定目标之间建立机械或光学接触。频率为 1~100GHz,适用于短距离识别通信。目前 RFID 技术应用很广,常用于图书馆、门禁系统、食堂、公交和食品安全溯源等。

#### 6.1.2.2 电子标签

目前常用的低频射频识别卡多为 M1(Mifare1)卡,常见的有 S50 和 S70 两种型号,国内也有与其兼容的国产射频识别芯片。射频识别卡一般利用 PVC 对 M1 芯片和感应天线进行封装,然后压制成各种形状,如不干胶标签、钥匙扣或卡片等,RFID 无源标签（卡）实物图如图 6.2 所示。M1 卡属于非接触式 IC 卡，非接触式 IC 卡又称射频卡，主要用于公交、轮渡、地铁的自动收费系统，也应用在门禁管理、身份证明和电子钱包。

图 6.2　RFID 无源标签（卡）

　　每一张 RFID 标签出厂时都有一个独一无二的 ID 号，用于区别不同标签，可以通过 RFID 读卡器来读取其 ID 的值。

### 6.1.2.3　RC522 模块

　　RC522 模块是目前市场上常见的 RFID 读写卡模块，实物图如图 6.3 所示。模块采用 Philips MFRC522 作为核心芯片，适用于 13.56MHz 频段的非接触式通信设备和读卡器开发。模块的工作电压为 3.3V，通过 SPI 接口与主控器进行通信，双向数据传输速率高达 424kB/s。支持 14443 协议，支持错误检测，内置快速 CRYPTOI 加密算法，拥有多种工作模式。模块具有工作稳定、读卡距离远、使用方便、成本低廉、体积小、功耗低等特点。

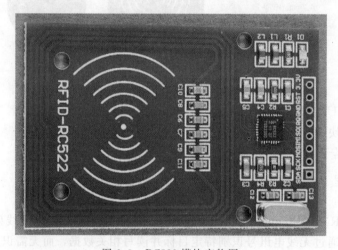

图 6.3　RC522 模块实物图

### 6.1.3　准备工作

　　首先要将 Arduino 与 RC522 连接，需要注意的是，RC522 使用的是 3.3V 电源，不要接错；其次，RC522 使用的是 SPI 通信方式，需要使用至少 3 根数据线，电路连接如图 6.4 所示，连接时可以参考表 6.1。

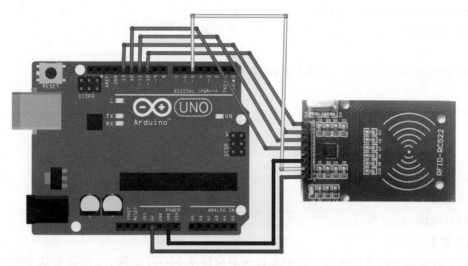

图 6.4　电路连接

表 6.1　　　　　　　　　　　　　**Arduino 与 RC522 的引脚连接表**

| RC522 | Arduino | RC522 | Arduino |
|-------|---------|-------|---------|
| SDA | D10 | IRQ | — |
| SCK | D13 | GND | GND |
| MOSI | D11 | RST | D5 |
| MISO | D12 | 3.3V | 3.3V |

## 6.1.4　编写程序

读取 RFID 卡的 ID 程序示例。

```
#include <SPI.h>
#include <RFID.h>
RFID rfid(10,5);　　//D10—读卡器 MOSI 引脚、D5—读卡器 RST 引脚
void setup(){
  Serial.begin(9600);
  SPI.begin();
  rfid.init();
}
void loop(){
  if (rfid.isCard()){  //找卡
    Serial.println("Find the card!");
    if (rfid.readCardSerial()){    //读取卡序列号
      Serial.print("The card's number is :");
      Serial.print(rfid.serNum[0],HEX);
      Serial.print(rfid.serNum[1],HEX);
      Serial.print(rfid.serNum[2],HEX);
      Serial.print(rfid.serNum[3],HEX);
```

```
    Serial. print(rfid. serNum[4],HEX);
    Serial. println(" ");
  }
  rfid. selectTag(rfid. serNum);    //选卡,防止多数读取
 }
 rfid. halt();
}
```

### 6.1.5 RFID 库相关函数介绍

1. RC522 引脚映射函数

【原型】

RFID rfid(x, y);

【功能】

用于对模块引脚进行映射,其中参数 x 对应模块 MOSI 引脚、y 对应模块 RST 引脚,其余的引脚连接到 Arduino 硬件 SPI 引脚即可。

2. RC522 初始化函数

【原型】

rfid. init();

【功能】

用于对模块进行初始化。

3. RC522 寻卡函数

【原型】

rfid. isCard();

【功能】

用于检测是否发现 RFID 卡,若有,则返回 1,否则,返回 0。

4. RC522 读取序列号函数

【原型】

rfid. readCardSerial();

【功能】

当有卡被发现后,函数用于读取 RFID 卡的序列号,读取的序列号会存放在 rfid. serNum 数组中。

5. RC522 选卡函数

【原型】

rfid. selectTag(rfid. serNum);

【功能】

用于选卡,防止多数读取,其中 rfid. serNum 为读取到的卡序列号。

6. RC522 休眠函数

【原型】

rfid. halt();

【功能】

让模块进入休眠模式，减少功耗。

# 6.2 读写 RFID 标签的扇区

能够使用 Arduino 读取和写入指定扇区的数据块，能够熟练使用 RC522 库。

## 6.2.1 实验器材

- Arduino UNO 板×1
- RFID 模块 RC522（含电子标签卡）×1
- 杜邦线 若干

## 6.2.2 基本原理

### 6.2.2.1 S50 卡存储结构

S50 卡符合 14443A 标准协议，拥有 1KB 的存储空间，共分为 16 个扇区，其具体参数见表 6.2。扇区的具体存储结构为：每扇区分为 4 个块，每块 16 个字节，一共 64 字节，每个扇区的最后一个块为控制块，包含密钥和访问控制字节。

表 6.2                                S50 卡 具 体 参 数 表

| 名　称 | 参　数 |
| --- | --- |
| 存储空间 | 1KB，共 16 个扇区，每个扇区 4 个数据块，每个数据块 16 个字节，每个扇区有独立的一组密码及访问控制，每张卡有唯一序列号，为 32 位 |
| 数据存放 | 数据保存期为 10 年，可改写 10 万次，读无限次 |
| 工作频率 | 13.56MHz |
| 通信速率 | 106KB/s |
| 读写距离 | 1cm 以内（与读写器有关） |
| 特点 | 具有防冲突机制，支持多卡操作，无电源，自带天线，内含加密控制逻辑和通信逻辑电路 |

S50 卡的数据结构如图 6.5 所示，存储空间被分为 16 个扇区，每个扇区分为 4 个块，每个块 16 个字节，整个卡共 1KB 的存储空间。每个扇区的最后一个块为控制块，包含密钥 A（Key A）、访问控制字节（Access）和密钥 B（Key B）这三部分数据。第一个扇区（扇区 0）的第一个块（块 0）内存放的是出厂数据块，出厂数据块在出厂时被写入并锁定，无法更改，该块的第 0～3 字节为卡序列号，全球唯一。

### 6.2.2.2 密钥及访问条件

密钥有 A 和 B（可选）两个：卡片出厂时，所有的密钥被设置为 0xFFFFFFFFFFFF（全 1）。如果读密钥的权限不满足则读出的密钥值为全 0。可以根据图 6.6 所示的内容来讲解扇区访问的规则。

图中展示了某个扇区控制块的存储结构，并展开了控制块 Byte 6～Byte 9 字节的内容，其中 Byte 9 为用户数据，Byte 6、Byte 7、Byte 8 这 3 个字节用于控制整个扇区的访问规则，

| 扇区 | 块 | 0 1 2 3 4 5 | 6 7 8 9 | 10 11 12 13 14 15（byte） | 说明 | |
|---|---|---|---|---|---|---|
| 15 | 3 | Key A | Access | Key B | 控制块 | 15 |
| | 2 | | | | 数据 | |
| | 1 | | | | 数据 | |
| | 0 | | | | 数据 | |
| | ⋮ | | | | ⋮ | |
| 0 | 3 | Key A | Access | Key B | 控制块 | 0 |
| | 2 | | | | 数据 | |
| | 1 | | | | 数据 | |
| | 0 | | | | 出厂数据块 | |

图 6.5　S50 卡存储结构

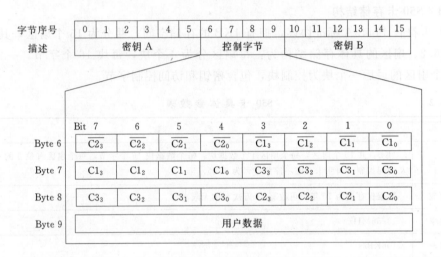

图 6.6　访问条件块结构

其存放的数据决定了该扇区的访问条件。Byte 6、Byte 7、Byte 8 这 3 个字节的高低 4 位被分成 4 组数据，即 $CX_3$、$CX_2$、$CX_1$、$CX_0$（$X$ 可取 1、2、3），分别对应块 3、块 2、块 1、块 0 的控制方式，即下标决定控制哪个块。

以卡片出厂时的控制字节为例，出厂时控制字节的值默认为 FF078069，此时的控制规则为：

$C1_0$ $C2_0$ $C3_0$＝000，块 0 的读、写、增、减、恢复、传送的权限都是 Key A 或 Key B

$C1_1$ $C2_1$ $C3_1$＝000，块 1 的读、写、增、减、恢复、传送的权限都是 Key A 或 Key B

$C1_2$ $C2_2$ $C3_2$＝000，块 2 的读、写、增、减、恢复、传送的权限都是 Key A 或 Key B

$C1_3$ $C2_3$ $C3_3$＝001，块 3 的 Key A 读权限 never，Key A 的写权限、Access bits 和 Key B 的读写权限都是 Key A。

数据块访问条件见表 6.3。

控制块访问条件见表 6.14。

表 6.3                                                           数 据 块 访 问 条 件

| 控制位（$X=0$、1、2） | | | 访问条件（对数据块 0、1、2） | | | |
|---|---|---|---|---|---|---|
| $C1_X$ | $C2_X$ | $C3_X$ | Read | Write | Increment | Decrement, transfer, Restore |
| 0 | 0 | 0 | Key A\|B | Key A\|B | Key A\|B | Key A\|B |
| 0 | 1 | 0 | Key A\|B | Never | Never | Never |
| 1 | 0 | 0 | Key A\|B | Key B | Never | Never |
| 1 | 1 | 0 | Key A\|B | Key B | Key B | Key A\|B |
| 0 | 0 | 1 | Key A\|B | Never | Never | Key A\|B |
| 0 | 1 | 1 | Key B | Key B | Never | Never |
| 1 | 0 | 1 | Key B | Never | Never | Never |
| 1 | 1 | 1 | Never | Never | Never | Never |

注　KeyA｜B 表示密钥 A 或密钥 B；Never 表示任何条件下不能实现。

表 6.4                                                           控 制 块 访 问 条 件

| | | | 密钥 A | | 存取控制 | | 密钥 B | |
|---|---|---|---|---|---|---|---|---|
| $C1_3$ | $C2_3$ | $C3_3$ | Read | Write | Read | Write | Read | Write |
| 0 | 0 | 0 | Never | Key A\|B | Key A\|B | Never | Key A\|B | Key A\|B |
| 0 | 1 | 0 | Never | Never | Key A\|B | Never | Key A\|B | Never |
| 1 | 0 | 0 | Never | Key B | Key A\|B | Never | Never | Key B |
| 1 | 1 | 0 | Never | Never | Key A\|B | Never | Never | Never |
| 0 | 0 | 1 | Never | Key A\|B | Key A\|B | Key A\|B | Key A\|B | Key A\|B |
| 0 | 1 | 1 | Never | Key B | Key A\|B | Key B | Never | Key B |
| 1 | 0 | 1 | Never | Never | Key A\|B | Key B | Never | Never |
| 1 | 1 | 1 | Never | Never | Key A\|B | Never | Never | Never |

可以看出，通过修改 $C1_X$、$C2_X$、$C3_X$ 的值，可以控制扇区的访问条件。对控制块的操作一定要谨慎，如果写错数据可能会导致整个扇区都无法访问，因此，在写入数据前一定要对照表格，认真核对控制条件、密钥是否正确，注意保存一下写入的数据，以便后续查错。

### 6.2.3　准备工作

和之前的连接一样，要注意 RC522 使用的是 3.3V 电源，不要接错，电路连接如图 6.4 所示，连接时可以参考表 6.5。

表 6.5                                                   Arduino 与 RC522 的引脚连接表

| RC522 | Arduino | RC522 | Arduino |
|---|---|---|---|
| SDA | D10 | IRQ | — |
| SCK | D13 | GND | GND |
| MOSI | D11 | RST | D5 |
| MISO | D12 | 3.3V | 3.3V |

## 6.2.4　编写程序

读取 RFID 卡的扇区 5 程序示例。

```
#include <SPI.h>
#include <RFID.h>


RFID rfid(10,5);       //D10——读卡器 MOSI 引脚、D5——读卡器 RST 引脚
unsigned char serNum[5];//4 字节卡序列号,第 5 字节为校验字节
unsigned char sectorNewKeyA[1][16] = //扇区 A 密码,16 个扇区,每个扇区密码 6Byte
  {{0xFF,0xFF,0xFF,0xFF,0xFF,0xFF,0xff,0x07,0x80,0x69,0xFF,0xFF,0xFF,0xFF,0xFF,0xFF}};
unsigned char blockAddr = 5;            //数据块
void setup(){
  Serial.begin(9600);
  SPI.begin();
  rfid.init();
}


void loop(){
  unsigned chari,tmp;
  unsigned char status;
  unsigned charstr[MAX_LEN];

  rfid.isCard();{//找卡
      if (rfid.readCardSerial())//读取卡序列号
  {
    Serial.print("The card's number is   :");
    Serial.print(rfid.serNum[0],HEX);
    Serial.print(rfid.serNum[1],HEX);
    Serial.print(rfid.serNum[2],HEX);
    Serial.print(rfid.serNum[3],HEX);
    Serial.print(rfid.serNum[4],HEX);
    Serial.println(" ");
  }

    rfid.selectTag(rfid.serNum);//选卡,返回卡容量(锁定卡片,防止多次读写)

    status =rfid.auth(PICC_AUTHENT1A,blockAddr,sectorNewKeyA[0],rfid.serNum);//读卡
    if (status == MI_OK)  //认证
    {
      if (rfid.read(blockAddr,str)== MI_OK)
      {
```

```
        Serial. print("Read from the card,the block ");
        Serial. print(blockAddr);
        Serial. println(" data is:");
        for(int i=0;i<16;i++)
          Serial. print(str[i],HEX);
        Serial. println();
      }
    }
  }
  rfid. halt();
}
```

写入 RFID 卡的扇区 5 程序示例。

```
#include <SPI. h>
#include <RFID. h>

RFID rfid(10,5);      //D10——读卡器 MOSI 引脚、D5——读卡器 RST 引脚
unsigned char serNum[5];//4 字节卡序列号,第 5 字节为校验字节
unsigned char sectorNewKeyA[1][16] = //扇区 A 密码,16 个扇区,每个扇区密码 6Byte
  {{0xFF,0xFF,0xFF,0xFF,0xFF,0xFF,0xff,0x07,0x80,0x69,0xFF,0xFF,0xFF,0xFF,0xFF,0xFF}};
unsigned char sectorKeyA[1][16] = //扇区 A 密码,16 个扇区,每个扇区密码 6Byte
  {{0xFF,0xFF,0xFF,0xFF,0xFF,0xFE,0xff,0x07,0x80,0x69,0xFF,0xFF,0xFF,0xFF,0xFF,0xFF}};
unsigned char writeDate[1][16] =
  {{0xFF,0x00,0x00,0x00,0x00,0x00,0x00,0x00,0x00,0x00,0x00,0x00,0x00,0x00,0x00,0x00}};
unsigned char blockAddr = 5;                    //数据块
void setup(){
  Serial. begin(9600);
  SPI. begin();
  rfid. init();
}

void loop(){
unsigned char i,tmp;
unsigned char status;
unsigned char str[MAX_LEN];

rfid. isCard();{//找卡
  if (rfid. readCardSerial())//读取卡序列号
  {
    Serial. print("The card's number is   :");
    Serial. print(rfid. serNum[0],HEX);
    Serial. print(rfid. serNum[1],HEX);
```

```
    Serial.print(rfid.serNum[2],HEX);
    Serial.print(rfid.serNum[3],HEX);
    Serial.print(rfid.serNum[4],HEX);
    Serial.println(" ");
  }


  rfid.selectTag(rfid.serNum);//选卡,返回卡容量(锁定卡片,防止多次读写)


  if (rfid.auth(PICC_AUTHENT1A,blockAddr,sectorNewKeyA[0],rfid.serNum)== MI_OK)    //认证
  {
    //写数据
    status = rfid.write(blockAddr,writeDate[0]);
    if(status == MI_OK)
    {
      Serial.println("Write card OK!");
    }
  }
}
  rfid.halt();
}
```

以上是 RC522 扇区读写程序,可以对示例程序进行优化和修改,进一步完善读写扇区功能,将读写功能写在一个程序中。建议先使用数据块进行练习,等练熟了再尝试修改控制块。

### 6.2.5　RFID 库相关函数介绍

1. RC522 认证(校验)函数

【原型】

rfid.auth(PICC _ AUTHENT1A, blockAddr, sectorNewKeyA, rfid.serNum);

【功能】

用于对 RFID 卡的密钥种类、块区地址、密钥值和卡 ID 号与访问块区的密钥和访问条件进行校验和认证,以便下一步读写操作。

参数 PICC _ AUTHENT1A 为密钥验证方式,可选值有两个,分别为 PICC _ AU-THENT1A(验证密钥 A)、PICC _ AUTHENT1B(验证密钥 B);参数 blockAddr 为要访问的块区,其范围为 0～63;参数 sectorNewKeyA 为所验证密钥的值,该值为所访问块区的控制块值,一共 16Bytes;参数 rfid.serNum 为卡的 ID 号;

2. RC522 读块区函数

【原型】

rfid.read(blockAddr, str);

【功能】

用于读取块区值,其中参数 blockAddr 为要访问的块区,其范围为 0～63,参数 str 为读取后存放的变量,该变量要求为字符型数组,共 16 个元素。

函数操作后会有返回值，成功返回 1，否则返回 0。

3. RC522 认证（校验）函数

【原型】

rfid. write(blockAddr，writeDate)；

【功能】

用于写入块区值，其中参数 blockAddr 为要访问的块区，其范围为 0 ～ 63，参数 writeDate 为需要写入的变量，该变量要求为字符型数组，共 16 个元素。

函数操作后会有返回值，成功返回 1，否则返回 0。

# 第 7 章

# 无 线 通 信

本章节要求使用两个 Arduino 控制两个 nRF24L01 模块进行通信，测量两个模块之间的 ping 值，从而推算两个模块之间的距离。

## 7.0.1 实验器材

nRF24L01 无线模块如图 7.1 所示。

- Arduino UNO 板×2
- nRF24L01 无线模块×2
- 杜邦线 若干

## 7.0.2 基本原理

### 7.0.2.1 nRF24L01 无线模块

nRF24L01 是一款新型单片射频收发器件，工作于 2.4～2.5GHz ISM 频段，融合了增强型 ShockBurst 技

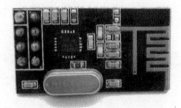

图 7.1 nRF24L01 无线模块

术，其中输出功率和通信频道可通过程序进行配置，模块提供多种低功率工作模式（掉电模式和空闲模式），大大降低了功耗。

### 7.0.2.2 ping 值

ping 值一般指的是从 PC 对网络服务器发送数据到接收到服务器反馈数据的时间，单位为毫秒。在玩网络游戏的时候，如果 ping 值较高，用户就会感觉操作和画面出现不同程度的延迟，所以 ping 值可以反映网络连接的好坏。通畅的网络 ping 值一般很小，拥堵的网络 ping 值很大，阻塞或毁坏的网络 ping 值无穷大（会导致超时）。

ping 值的产生过程，就是发送端发送一个很小的数据，接收端收到数据后立即将这个数据原封不动地发回给发送端，数据从发送端发出到回到发送端所用的时间就是 ping 值。在电脑中，可以使用命令提示符窗口来测试网络 ping 值，如图 7.2 所示。

### 7.0.2.3 任务工作流程

在无线通信中，ping 值同样可以表现网络的传输状况，由于不需要使用网线进行通信，因此无线通信中的 ping 值可以大致推算出发送端和接收端的距离。

整个任务的工作流程是，由客户端（发送端）先发送数据，服务器端（接收端）收到数据后立刻将该数据转发回去，发送端收到数据后测量发送到接收的时间，由串口输出 ping 值，如图 7.3 所示。

## 7.0.3 准备工作

在开始编程前，要先连接硬件电路，nRF24L01 模块的引脚图如图 7.4 所示。连接电路时，可以参考表 7.1。需要注意的是 nRF24L01 的工作电压是 3.3V，接 5V 电源也可以工作，但不要接太长时间，模块会发热。最后需要将两个 nRF24L01 分别与两个 Arduino 连接。

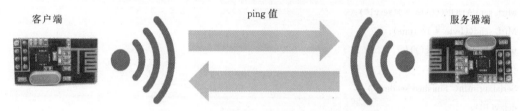

图 7.2　电脑中的 ping 值测试

客户端　　　　　　　ping 值　　　　　　　服务器端

图 7.3　通过 nRF24L01 测试无线 ping 值

图 7.4　nRF24L01 模块的引脚图

表 7.1　　　　　　　　　　　　　　nRF24L01 与 Arduino 引脚连接表

| nRF24L01 | Arduino | nRF24L01 | Arduino |
| --- | --- | --- | --- |
| GND | GND | SCK | D13 |
| VCC | 3.3V | MOSI | D11 |
| CE | D7 | MISO | D12 |
| CSN | D8 | IRQ | — |

## 7.0.4　编写程序

分别为两台 Arduino 下载客户端程序和服务器端程序。

客户端程序如下：

```
#include <SPI.h>
#include <Mirf.h>
```

```
#include <nRF24L01. h>
#include <MirfHardwareSpiDriver. h>
void setup(){
  Serial. begin(9600);
  Mirf. spi = &MirfHardwareSpi;
  Mirf. init();
  Mirf. setRADDR((byte * )"clie1");
  Mirf. payload = sizeof(unsigned long);
  Mirf. config();
  Serial. println("Beginning...");
}
void loop(){
  unsigned long time = millis();
  Mirf. setTADDR((byte * )"serv1");
  Mirf. send((byte * )&time);
  while(Mirf. isSending()){
  }
  Serial. println("Finished sending");
  delay(10);
  while(! Mirf. dataReady()){
    if ((millis() - time) > 1000){
      Serial. println("Timeout on response from server!");
      return;
    }
  }
  Mirf. getData((byte * )&time);
  Serial. print("Ping:");
  Serial. println((millis() - time));
  delay(1000);
}
```

服务器端程序如下：

```
#include <SPI. h>
#include <Mirf. h>
#include <nRF24L01. h>
#include <MirfHardwareSpiDriver. h>
void setup(){
  Serial. begin(9600);
  Mirf. spi = &MirfHardwareSpi;
  Mirf. init();
  Mirf. setRADDR((byte * )"serv1");
  Mirf. payload = sizeof(unsigned long);
```

```
    Mirf. config();
    Serial. println("Listening...");
}
void loop(){
    byte data[Mirf. payload];
    if(! Mirf. isSending()&& Mirf. dataReady()){
        Serial. println("Got packet");
        Mirf. getData(data);
        Mirf. setTADDR((byte *)"clie1");
        Mirf. send(data);
        Serial. println("Reply sent.");
    }
}
```

　　试着移动客户端和服务器端的位置，看看 ping 值是否发生改变，找找规律，看能不能通过 ping 值推算出两台设备之间的距离。通过 ping 值的例程，学习了 nRF24L01 的发送和接收数据的编程方法，接下来，可以试着使用 nRF24L01 来控制小车。

### 7.0.5　Mirf 类库相关函数介绍

　　1. 初始化函数

　　【原型】

　　Mirf. init();

　　【功能】

　　用于对 Mirf 库进行初始化。

　　2. 设置发送、接收地址函数

　　【原型】

　　Mirf. setRADDR((byte *)"clie1");

　　Mirf. setTADDR((byte *)"serv1");

　　【功能】

　　用于设置接收地址（etRADDR）和发送地址（setTADDR），每次发送数据时，需要指定发送地址，只有发给接收地址的数据才会被本机接收。

　　3. 设置通信数据长度函数

　　【原型】

　　Mirf. payload = 32;

　　【功能】

　　用于设置通信的数据长度，单位字节，收发双方的数据长度必须一致，否则会出错，长度默认 16 个字节，最大 32 个字节。

　　4. 确认配置函数

　　【原型】

　　Mirf. config();

【功能】

用于使能之前的设置，确认配置信息。

5. 发送函数

【原型】

Mirf. send(data);

【功能】

用于发送数据，其中参数 data 为要发送的数据，大小不能超过 Mirf. payload。

6. 发送忙检测函数

【原型】

Mirf. isSending()

【功能】

用于检测模块是否正在发送数据，正在发送数据，返回 1，否则返回 0。

7. 是否收到数据检测函数

【原型】

Mirf. dataReady();

【功能】

用于检测模块是否收到数据，收到数据，返回 1，否则返回 0。

8. 接收数据函数

【原型】

Mirf. getData(data);

【功能】

用于获取接收的数据，其中参数 data 用于保存收到的数据。

# 第 8 章

# 网 络 通 信

## 8.1 网 页 制 作 基 础

为了能够更好地学习 Arduino 相关的网络知识，首先要对 HTML 网页制作有一个基本认识，本节要求大家基于 jQuery Mobile 框架制作一个简单的网页，为后续网页服务器的搭建做准备。

### 8.1.1 实验器材

Windows 系统的电脑如图 8.1 所示。

• 使用 Windows 系统的电脑×1

### 8.1.2 基本原理

#### 8.1.2.1 HTML 语言简介

HTML 语言即超文本标记语言（Hyper Text Markup Language），HTML 不是一种编程语言，而是一种标记语言，是网页制作必备的语言。"超文本"就是指页面内可以包含图片、链接，甚至音乐、程序等非文字元素。

#### 8.1.2.2 HTML 文件结构

一个 HTML 文件对应一个网页，HTML 文件一般以 .htm 或 .html 作为扩展名。可以使用

图 8.1 Windows 系统的电脑

任何能够生成 TXT 类型源文件的文本编辑来产生 HTML 文件。HTML 文件一般具有一个基本的结构，即包含头部（Head）与实体（Body）两大部分，文件的开头（<html>）与结尾（</html>）也有特定标志。一个完整的 HTML 结构如下：

```
<html>
  <head>
    <title>页面标题</title>
  </head>

  <body>
    页面文本
  </body>
</html>
```

### 8.1.2.3　HTML 标签

HTML 标签是 HTML 语言中最基本的单位，HTML 标签是 HTML 最重要的组成部分。HTML 标签的大小写无关，例如"主体"＜body＞跟＜BODY＞表示的意思是一样的，但是推荐使用小写。以下是几个比较常用的 HTML 标签：

段落标签＜p＞

＜p＞这是一个段落＜/p＞

超链接标签＜a＞

＜a href＝"http：//www.baidu.com/"＞百度搜索＜/a＞

字体标签＜b＞，＜i＞

＜b＞粗体字＜/b＞
＜i＞斜体字＜/i＞

标题标签

＜h1＞1 级标题＜/h1＞
＜h2＞2 级标题＜/h2＞
＜h3＞3 级标题＜/h3＞

有兴趣的同学可以在网络上或图书馆查找相关学习资料进一步学习 HTML 知识。推荐访问 www.w3school.com.cn 以及 www.runoob.com 网站进行学习。

### 8.1.2.4　jQuery Mobile UI

jQuery Mobile 是一个为触控优化的前端框架，用于创建移动 Web 应用程序，jQuery 适用于智能手机和平板电脑，而 jQuery Mobile 构建于 jQuery 库之上，这使其更易学习。它使用 HTML5、CSS3、JavaScript 和 AJAX 等语言进行封装，通过尽可能少的代码来完成对页面的布局。jQuery Mobile 可以很方便地在手机、平板等移动设备上运行，如图 8.2 所示。

### 8.1.3　准备工作

对于 jQuery Mobile 的学习，可以登录 www.w3school.com.cn/jquerymobile、 http://www.runoob.com/jquerymobile 进行学习。

使用 jQuery Mobile 制作一个简单的网页，网页的内容就是 Arduino 板的主页，里面包含了首页、Arduino 介绍、UNO 板功能、运行状态和实时数据等页面，可以使用电脑浏览器直接打开，主页效果如图 8.3 所示。

图 8.2　jQuery Mobile 应用示例

图 8.3 使用 jQuery Mobile 框架制作的 Arduino 主页效果

### 8.1.4 编写程序

由于源代码较长，这里仅节选一些关键代码。

HTML 头，这里调用了 jQuery Mobile 的代码和 CSS，还编写了一个每秒刷新的代码。

```
<head>
    <meta name="viewport" content="width=device-width,initial-scale=1">
    <link rel="stylesheet" href =
"https://apps.bdimg.com/libs/jquerymobile/1.4.5/jquery.mobile-
1.4.5.min.css">
    <script
src="https://apps.bdimg.com/libs/jquery/1.10.2/jquery.min.js"></script>
    <script
src="https://apps.bdimg.com/libs/jquerymobile/1.4.5/jquery.mobile-
1.4.5.min.js"></script>
    <script language="JavaScript">
    function myrefresh()
    {
        window.location.reload();
    }
    setTimeout('myrefresh()',5000); //指定 1 秒刷新一次
    </script>
</head>
```

页面的顶部状态栏和顶部导航按钮的代码如下：

```
<div data-role="header">
    <h1>主页</h1>
<div data-role="navbar" data-iconpos="left">
        <ul>
            <li><a href="#page_main" data-transition="flow">首页</a></li>
            <li><a href="#page_jieshao" data-transition="flow">Arduino 介绍
</a></li>
            <li><a href="#page_gongneng" data-transition="flow">UNO 板功能
</a></li>
            <li><a href="#page_zhuangtai" data-transition="flow">运行状态
</a></li>
            <li><a href="#page_shuju" data-transition="flow">实时数据</a></li>
        </ul>
    </div>
</div>
```

一个文本"欢迎光临 KC 的主页"的代码如下：

```
<div data-role="content">
    <p>欢迎光临 KC 的主页</p>
</div>
```

底部状态栏的代码如下：

```
<div data-role="footer" data-position="fixed">
    <h1>Product by KevinCruz</h1>
</div>
```

Arduino 主页的页面代码一共包含了 5 个页面，这里由于篇幅原因，就不全部列出了，程序完整源代码可以在本书的附录上查看。代码编辑完成后，另存为 html 格式，然后就可以使用浏览器打开了，某些动画效果可能需要浏览器启用 Flash 插件。

## 8.2　浏览 Arduino 内的网页

本任务要求使用 W5500 和 Arduino 单片机搭建一个网页服务器，并把上一个任务的主页放在 Arduino 网页服务器内，然后使用电脑或手机的浏览器访问该主页。

### 8.2.1　实验器材

浏览 Arduino 内的网页实验器材如图 8.4 所示。

- Arduino UNO 板×1
- W5500 网络模块×1
- 无线路由器×1
- 网线若干
- 杜邦线若干

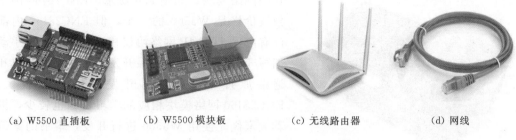

(a) W5500 直插板　　　(b) W5500 模块板　　　(c) 无线路由器　　　(d) 网线

图 8.4　浏览 Arduino 内的网页实验器材

## 8.2.2　基本原理

### 8.2.2.1　W5500 网络模块

W5500 是一款多功能的单片机网络接口模块，内部集成有 10/100Mbit/s 以太网控制器，主要应用于单片机和嵌入式控制器的网络通信场景。使用 W5500 可以实现没有操作系统的 Internet 连接。W5500 兼容 IEEE802.3 10BASE−T 和 802.3u 100BASE−TX 等局域网协议，内部集成了全硬件的 TCP/IP 协议栈、以太网介质传输层（MAC）协议和物理层（PHY）协议，W5500 内部还集成有 16KB 存储器用于数据传输。W5500 的最大特点是，不需要考虑以太网的控制，只需要进行简单的端口编程，即可实现网络通信。W5500 提供 3 种通信接口，分别是直接并行总线、间接并行总线和 SPI 总线。

W5500 是 Arduino 官方推荐的网络模块，官方针对 W5100 和 W5500 都推出过网络扩展板 Arduino Ethernet Shield 和 Arduino Ethernet Shield V2。Arduino 官方之所以推荐 W5500 系列网络模块，最大的原因是其简单易用，内部集成了 TCP/IP 等网络协议栈，降低了不少开发流程和开发难度。

市面上常见的 W5500 扩展板，根据其 PCB 板布局的不同可以分为两种，一种是可以直接插在 UNO 上的，类似于 Arduino Ethernet Shield；另一种则是和普通模块一样，需要杜邦线连接，两种板子与 Arduino 连接的方式如图 8.5 所示。

图 8.5　两种板子与 Arduino 连接的方式

市面上常见的网络通信模块除了 W5500 芯片外，还有一种以 ENC28J60 作为核心芯

图 8.6　ENC28J60 网络模块

片的网络模块，如图 8.6 所示。ENC28J60 网络模块价格是 W5500 的一半，但 ENC28J60 内部没有内置 TCP/IP 网络协议栈，编程时需要手动编写 TCP/IP 协议，如果开发人员对网络协议和通信原理不熟悉，则开发难度会比较大。ENC28J60 网络模块相应的学习资源也较少，推荐大家优先使用 W5500 进行开发，本书的案例都是以 W5500 为基础开发的。

#### 8.2.2.2　计算机网络基本知识

　　目前最大最流行的计算机网络就是因特网（Internet），也称互联网。因特网采用 TCP/IP 协议栈，结构图如图 8.7 所示，一般分为 4 层，具体一些也可以分为 5 层，分别是应用层、传输层、互联网层、数据链路层和物理层。每一层都有相应的功能，且层与层之间互不影响，相互独立。

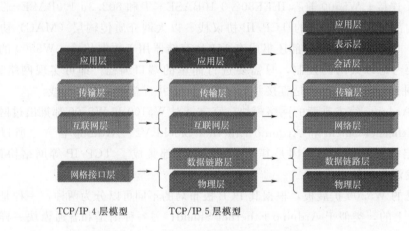

TCP/IP 4 层模型　　　　TCP/IP 5 层模型

图 8.7　TCP/IP 协议栈结构

**1. 应用层**

　　应用层包含所有的高层协议，例如电子邮件传输协议（SMTP）、域名服务（DNS）和超文本传送协议（HTTP）等。FTP 提供有效地将文件从一台机器上移到另一台机器上的方法；SMTP 用于电子邮件的收发；DNS 用于把主机名映射到网络地址；HTTP 用于在 WWW 上获取主页。

**2. 传输层**

　　传输层使源端和目的端机器上的对等实体可以进行会话。在这一层定义了两个端到端的协议：传输控制协议（TCP）和用户数据报协议（UDP）。TCP 是面向连接的协议，它提供可靠的报文传输和对上层应用的连接服务。UDP 是面向无连接的不可靠传输的协议，主要用于不需要 TCP 的排序和流量控制等功能的应用程序。

**3. 互联网层**

　　互联网层是整个体系结构的关键部分，其功能是使主机可以把分组发往任何网络，并使分组独立地传向目标。互联网层使用因特网协议（IP）。TCP/IP 参考模型的互联网层和 OSI 参考模型的网络层在功能上非常相似。

4. 数据链路层

数据链路层的任务是加强物理层的功能，使其对网络层显示为一条无错的线路。

5. 物理层

物理层主要是处理机械的、电气的和过程的接口，以及物理层下的物理传输介质等。

### 8.2.3 准备工作

网络结构图如图 8.8 所示，电脑和 W5500 同连在一个路由器上，即 W5500 和电脑在同一个网段中，以便电脑访问 Arduino 中的网页。Arduino UNO 与 W5500 的连接可以参考表 8.1。

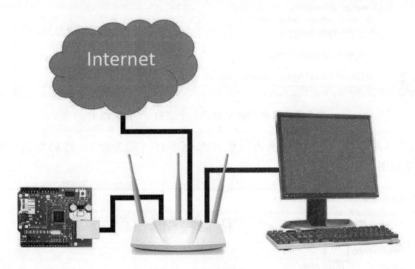

图 8.8 网络结构图

表 8.1 Arduino 与 W5500 的引脚连接表

| Arduino UNO | W5500（红） | Arduino UNO | W5500（红） |
| --- | --- | --- | --- |
| 5V | VCC | MI | D12 |
| GND | GND | SCK | D13 |
| RST | D9 | SCS | D10 |
| MO | D11 | | |

需要将上一节课制作的网页存放到 Arduino 板中，由于 Arduino 的语法格式与 jQuery 的语法不同，因此需要将网页代码进行一定的处理。让这些代码可以被存放在 Arduino 内，让 Arduino IDE 可以对其进行编译，具体的处理方法如下：

（1）将源代码复制到一个空白 word 文档中，如图 8.9 所示，可以看到，此时的代码中有很多“换行符”，这些换行符会影响 IDE 的编译，需要全部去掉。

（2）同时按下键盘上的 Ctrl 和 H 按键，打开“查找和替换”窗口，在“查找内容”

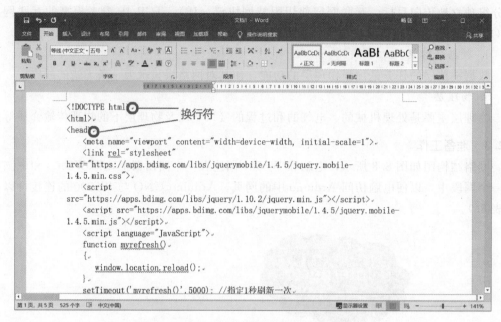

图 8.9　将源代码复制到一个空白 word 文档中

栏填写"^p"（回车符），在"替换为"栏什么也不打（即为空），然后单击"全部替换"按钮，流程如图 8.10 所示。

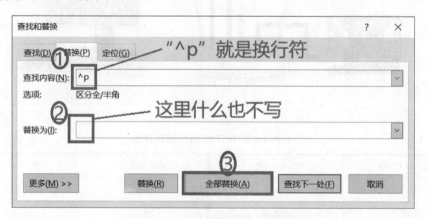

图 8.10　将换行符替换为空白的流程

（3）替换完成后会显示提示对话框，此时，代码中就没有换行符了，效果如图 8.11 所示。

（4）由于网页代码是以字符串形式保存在 Arduino 内的，因此需要将双引号进行转义，否则会影响 Arduino IDE 编译。同样使用"查找和替换"（Ctrl＋H）工具将所有的英文双引号""""替换为"\""，即在所有英文双引号前加反斜杠"\"，这样 Arduino 在编译时就不会出错了，替换完后的效果如图 8.12 所示。

（5）为了尽可能地减少 Arduino 内部存储空间的浪费，还需要把多于两个的连续"空格"和"缩进符"都替换为单个"空格"，具体方式还是使用"查找和替换"（Ctrl＋H）

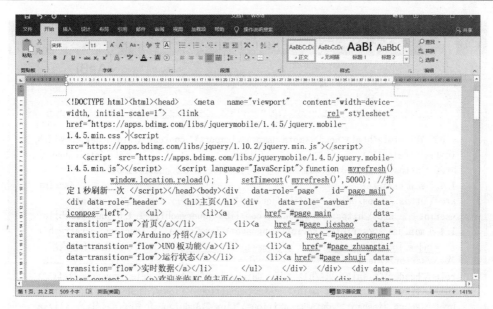

图 8.11 将换行符替换为空白后的代码

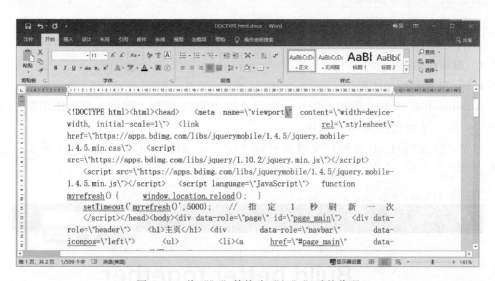

图 8.12 将 """ 替换为 "\" 后的代码

工具将所有缩进符都替换为空格，然后将所有的多于两个的连续空格替换为单个空格，替换完后的效果如图 8.13 所示，这样网页代码就变成了一行长长的字符串了。

对网页代码进行这些处理的原因是，在 Arduino 语法中没有换行符，因此需要全部删除，但不会影响网页语法；英文双引号会对 Arduino 的字符串产生影响，因此需要在所有原有的英文双引号前加转义字符 "\"；需要尽可能地减少存储空间的浪费，因此将没有意义的空格和换行符全部去掉。

最终，就得到了一行网页代码字符串，现在可以毫无顾虑地将这行代码放进 Arduino 程序中了。

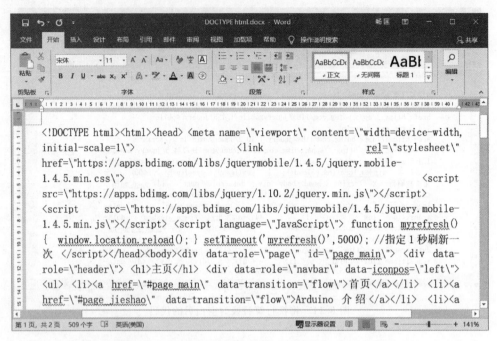

图 8.13 将连续空格和缩进符替换为单个空格后的代码

### 8.2.4 编写程序

#### 8.2.4.1 替换 Ethernet 库

Arduino IDE 自带的官方 Ethernet 库仅支持 W5100 模块，因此，需要使用第三方库替换官方库，从而支持 W5500 模块。

首先，进入 GitHub 官网，在搜索栏输入"wiz_ethernet"，如图 8.14 所示，然后回车。

图 8.14 在 GitHub 官网搜索"wiz_ethernet"

然后，在搜索结果中，单击"embeddist/WIZ_Ethernet_Library—IDE1.6.x"选项，如图 8.15 所示。

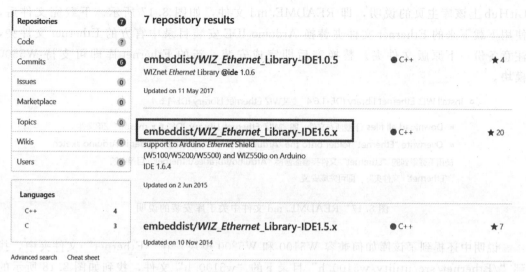

图 8.15 在搜索结果中选择"embeddist/WIZ _ Ethernet _ Library－IDE1.6. x"

在打开的页面中，先单击"Clone or download"绿色按钮，在下来选项中单击"Download ZIP"，如图 8.16 所示，然后保存"WIZ _ Ethernet _ Library – IDE1.6. x – master"ZIP 库文件，这是 W5500 的库文件。

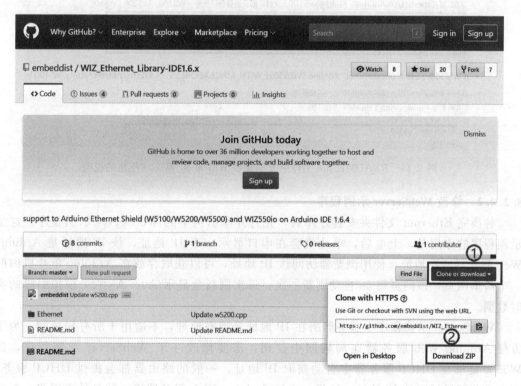

图 8.16 单击下载"WIZ _ Ethernet _ Library – IDE1.6. x – master"ZIP 库文件

下载完毕后，不要使用 Arduino IDE 导入，该库的导入方式比较特殊，可以查看

GitHub 上该库主页的说明，即 README. md 文件，如图 8.17 所示。下载完文件后，使用下载下来的 Ethernet 文件夹替换 Arduino IDE 安装目录中官方的 Ethernet 文件夹，注意备份一下原版文件夹。替换完后即完成安装，新的 Ethernet 库即可支持 W5500模块。

○ Install WIZ Ethernet library IDE-1.6.4　安装WIZ Ethernet Library IDE-1.6.4

- Download all files 下载所有文件，即"WIZ_Ethernet_Library-IDE1.6.x-master" ZIP文件
- Overwrite "Ethernet" folder onto the "Arduino\libraries\Ethernet" folder in Arduino sketch.

使用下载得到的"Ethernet" 文件夹覆盖替换"Arduino\libraries\Ethernet" 目录中的
'Ethernet' 文件夹，即可完成安装。

图 8.17　README. md 文件中关于库安装的说明

说明中还提到了该库如何兼容 W5100 和 W5200 模块。在"Ethernet"文件夹中，找到"/Ethernet/src/utility/w5100. h"目录下的"w5100. h"文件，找到如图 8.18 所示的代码，注释相应代码即可兼容对应的模块。

○ Select device(shield)

- Uncomment device(shiel) you want to use in $/Ethernet/src/utility/w5100.h

注释"$/Ethernet/src/utility/" 目录中的w5100.h文件，即可选择模块型号（W5100、W5200、W5500）

```
//#define W5100_ETHERNET_SHIELD // Arduino Ethenret Shield and Compatibles ...
//#define W5200_ETHERNET_SHIELD // WIZ820io, W5200 Ethernet Shield
#define W5500_ETHERNET_SHIELD   // WIZ550io, ioShield series of WIZnet
```

- If WIZ550io used, uncommnet "#define WIZ550io_WITH_MACAADDRESS" in $/Ethernet/src/utility/w5100.h

注释下列代码，可以选择是否使用W55内的硬件地址

```
#if defined(W5500_ETHERNET_SHIELD)
//#define WIZ550io_WITH_MACADDRESS // Use assigned MAC address of WIZ550io
#include "w5500.h"
#endif
```

图 8.18　README. md 文件中关于兼容 W5100 和 W5200 模块的说明

### 8.2.4.2　修改 WebServer 示例程序

替换完 Ethernet 文件夹安装好库后，先打开库示例中的 WebServer 示例程序。这个示例程序的作用是，上电后，单片机会在串口显示一个 IP 地址，该 IP 地址是 Arduino Web 服务器所在地址，使用浏览器访问该 IP 地址，可以获取存放在 Arduino 单片机内的一个简单网页，该网页每 5s 自动刷新一次，每次刷新会显示 A0～A5 六个模拟引脚的实时数据。

WebServer 示例程序中服务器所在 IP 地址是静态地址，不适用于所有局域网，为了方便 Arduino Web 服务器在局域网中使用，需要修改一下 WebServer 示例程序，让 W5500 能够在 DHCP 服务器中自动获取 IP 地址。一般的路由器都会提供 DHCP 服务，即自动分配局域网的 IP 地址，这样，无论 Arduino Web 服务器接入的是什么网络，都可以获取到正确的 IP 地址，保障服务器能够被正常访问。具体修改方法如下：

删除 WebServer 示例程序中的这些代码：

```
IPAddress ip(192,168,1,20);
IPAddress gateway(192,168,1,1);
IPAddress subnet(255,255,255,0);
IPAddress myDns(8,8,8,8); // google puble dns
```

将 setup（）函数中的下列代码选中：

```
#if defined __USE_DHCP__
#if defined(WIZ550io_WITH_MACADDRESS)// Use assigned MAC address of WIZ550io
  Ethernet. begin();
#else
  Ethernet. begin(mac);
#endif
#else
#if defined(WIZ550io_WITH_MACADDRESS)// Use assigned MAC address of WIZ550io
  Ethernet. begin(ip,myDns,gateway,subnet);
#else
  Ethernet. begin(mac,ip,myDns,gateway,subnet);
#endif
#endif
```

替换为下列代码：

```
if (Ethernet. begin(mac)== 0) {
    Serial. println("Failed to configure Ethernet using DHCP");
    for(;;)
      ;
}
```

将新程序上传后，打开串口监视器。可以看见，在程序运行后，单片机会自动获取DHCP 服务器的 IP 地址并显示在串口，使用浏览器访问该 IP 地址，依然可以获取存放在Arduino 单片机内的网页。

解释一下 WebServer 示例程序的工作流程：①初始化服务器；②检测客户端请求，当有请求时回复一个指定网页。这里重点说一下 currentLineIsBlank 变量，首先，HTTP协议的规范要求请求报文结束后要有一个空行，然后是附加的数据，如果没有数据就为空，那么一个无上传数据的请求报文后面就有两个连续的换行符。

currentLineIsBlank 这个变量的功能就是检测当前收到的数据是否为换行符，如果收到换行符且 currentLineIsBlank 为真，就表示发现两个连续的换行符，即客户端请求报文结束了，可以回复客户端网页数据了。

### 8.2.4.3 将 Arduino 主页写入 Arduino 服务器

接下来就是将上一节课制作的 Arduino 主页代码写入示例程序中，可以将处理好的页面代码以字符串的形式存放到 Arduino 中。但是需要注意的是，网页代码的容量较大，若以变量形式存放在 RAM 中，会导致单片机运行时出错，甚至根本装不进单片机。

所以，需要将网页代码存放在 Flash 中，即存放在程序存储区。下面是将数据存放在 AVR 单片机的 Flash 中的程序示例：

```
const PROGMEM uint16_t charSet[] = { 65000,32796,16843,10,11234};
const char signMessage[] PROGMEM = {"I AM PREDATOR,UNSEEN COMBATANT.CREATED BY THE UNIT-
ED STATES DEPART"};
unsigned int displayInt;
char myChar;
void setup(){
  Serial. begin(9600);
  while(! Serial);
  for (byte k = 0; k < 5; k++) {
    displayInt = pgm_read_word_near(charSet + k);
    Serial. println(displayInt);
  }
  Serial. println();
  for (byte k = 0; k <strlen_P(signMessage); k++) {
    myChar = pgm_read_byte_near(signMessage + k);
    Serial. print(myChar);
  }
  Serial. println();
}
void loop(){
  // put your main code here,to run repeatedly:
}
```

根据上面的示例，可以这样来存放 Arduino 主页网页代码：

```
const char HomePage[] PROGMEM  = {"<! DOCTYPE html><html><head><meta … 模拟引脚实时数据</
p>"};//由于篇幅原因,这里的网页代码就不写全了
const String str1 = "<div class=\"ui-block-a\" style=\"border:1px solid black;\" align=\"center\"><span>";
const String str2 = "<div class=\"ui-block-b\" style=\"border:1px solid black;\" align=\"center\"><span>";
const char HomePage2[] PROGMEM  = {"</div></div><div data-role=\"footer\" data-position=\"fixed\"
><h1>Product by KevinCruz</h1></div></div></body></html>"};
```

这里定义了 2 个字符串数组 "HomePage" 和 "HomePage2"，存放在 Flash 中，这是最长的网页代码，还定义了两个字符串 "str1" 和 "str2" 用于存放重复的 HTML 表格字符串。

需要注意的是，在复制网页代码到 Arduino IDE 时，可能出现英文双引号（"）变成中文双引号（"）的情况，导致编译出错。为了解决这个问题，可以同时按下 Ctrl 和 F 按键，打开"寻找:"对话框，其功能和 word 中的"查找与替换"对话框类似，利用"寻找:"对话框将中文双引号替换为英文双引号即可。

接下来，在服务器响应代码中，将示例中的响应代码：

```
client. println("<! DOCTYPE HTML>");
```

```
client. println("<html>");
// output the value of each analog input pin
for (int analogChannel = 0; analogChannel < 6; analogChannel++) {
    int sensorReading = analogRead(analogChannel);
    client. print("analog input ");
    client. print(analogChannel);
    client. print(" is ");
    client. print(sensorReading);
    client. println("<br />");
}
client. println("</html>");
break;
```

改为下列代码：

```
for (int k = 0; k <strlen_P(HomePage); k++)
  {
     char myChar =  pgm_read_byte_near(HomePage + k);
     client. print(myChar);
  }
client. print("<div class=\"ui-grid-a\">");
client. print(str1); client. print("模拟引脚号</span></div>");
client. print(str2); client. print("实时数据</span></div>");
client. print(str1); client. print("A0</span></div>");
client. print(str2); client. print(analogRead(A0));
client. print("</span></div>");
client. print(str1); client. print("A1</span></div>");
client. print(str2); client. print(analogRead(A1));
client. print("</span></div>");
client. print(str1); client. print("A2</span></div>");
client. print(str2); client. print(analogRead(A2));
client. print("</span></div>");
client. print(str1); client. print("A3</span></div>");
client. print(str2); client. print(analogRead(A3));
client. print("</span></div>");
client. print(str1); client. print("A4</span></div>");
client. print(str2); client. print(analogRead(A4));
client. print("</span></div>");
client. print(str1); client. print("A5</span></div>");
client. print(str2); client. print(analogRead(A5));
client. print("</span></div>");
for (int k = 0; k < strlen_P(HomePage2); k++)
  {
```

```
        char myChar =   pgm_read_byte_near(HomePage2 + k);
        client. print(myChar);
    }
client. println();
break;
```

由于程序示例较长，这里就不全部列出了，大家可以在本书附录中看到完整的程序代码。

### 8.2.5 Ethernet 库相关函数介绍

1. 服务器申明函数

【原型】

EthernetServer server(port);

【功能】

设置服务器类及访问端口号，一般使用 80 端口作为 HTTP 服务的端口号，当然也可以使用自己的端口号，如 8080，但在访问时，网址（IP 地址）后要注明端口号，如"192.168.0.1：8080"。

【示例】

EthernetServer server(80);

2. 网络初始化函数

【原型】

Ethernet. begin(mac);

【功能】

初始化服务器，推荐使用 DHCP 方式初始化服务器，即自动获取 IP 地址。

【示例】

```
if (Ethernet. begin(mac) = = 0) {//DHCP 方式初始化服务器，自动获取 IP 地址
    Serial. println("Failed to configure Ethernet using DHCP");
    for(;;)//死循环
        ;
}
```

3. 启动服务器函数

【原型】

server. begin();

【功能】

启动服务器

【示例】

server. begin();

4. 客户端申明函数

【原型】

EthernetClient client

【功能】

申明客户端，用于检测客户端请求和处理请求等操作。

【示例】

EthernetClient client

5. 客户端请求检测函数

【原型】

server. available();

【功能】

用于检测是否有客户端请求，有请求返回真，否则返回假。

【示例】

client = server. available();

6. 客户端连接状态检测函数

【原型】

client. connected()

【功能】

用于检测客户端的连接状态，已连接返回真，否则返回假。

【示例】

```
while (client. connected()) {//当客户端保持连接时循环
}
```

7. 客户端空闲检测函数

【原型】

client. available()

【功能】

用于检测客户端是否空闲，是返回真，否返回假。

【示例】

if（client. available()）

8. 响应请求函数

【原型】

client. print();

client. println();

【功能】

用于响应请求，使用起来和串口打印函数一样，非常方便，打印出的数据都会发送到客户端。

【示例】

下面的示例是 HTTP 报文的基本响应格式。

client. println("Content－Type:text/html");

client. println("Connection:close");

client. println();

9. 中断客户端连接函数

【原型】

client. stop();

【功能】

用于断开客户端连接。

【示例】

client. stop();

# 8.3 通过网页控制 Arduino

在上一节课的任务中，实现了访问 Arduino 内的网页，本节课的任务是实现通过 Arduino 内的网页控制 Arduino 的 LED 灯。

## 8.3.1 实验器材

- Arduino UNO 板×1
- W5500 网络模块×1
- 无线路由器×1
- 网线 若干
- 杜邦线 若干

## 8.3.2 基本原理

### 8.3.2.1 客户端和服务器

客户端（Client）和服务器（Server）一般表示一种网络架构，简称 C/S（Client/ Server）架构。这种架构的通信过程基本是，客户端向服务器发出请求，服务器收到请求后向客户端发出响应。可以看出，客户端是一个主动角色（主角色），它需要发送请求，然后等待服务器回应；而服务器是一个被动角色（从角色），等待来自客户端的要求，处理要求并传回结果，因此，这种架构又称为主从式架构。

在上一节课中，电脑和手机浏览器就是客户端，它通过访问服务器 IP 地址向服务器发送了请求，服务器收到连接请求后作出响应，回复了 Arduino 主页的代码，浏览器解析网页代码并显示出来。

本节课依然使用这一套网络架构，不同之处在于，要在网页中添加按钮，按下按钮可以触发特点的请求信息，服务器端则需要对请求信息进行判断，然后选择性地作出响应。

### 8.3.2.2 HTML button 标签

jQuery Mobile 支持 HTML 的<button>标签，通过该标签，可以在网页中创建一个按钮。示例如下：

<button type="button">我是按钮，点我！</button>

在<button>标签中添加参数，可以修改按钮的样式，还可以指定按钮按下触发的动

作，示例如下：

```
<button type="button" onclick=\"alert('我是弹出窗口。')\">我是按钮,点我! </button>
```

### 8.3.3 准备工作

网络结构图和之前的一样，电脑和 W5500 同连在一个路由器上，即 W5500 和电脑在同一个网段中，以便电脑访问 Arduino 中的网页。

### 8.3.4 编写程序

Arduino 页面服务器，通过电脑可以获取 Arduino 模拟输出的值，并可以控制 Arduino 板上的 LED 灯点亮和熄灭。

```
#include <SPI. h>
#include <Ethernet. h>
#if defined(WIZ550io_WITH_MACADDRESS)// Use assigned MAC address of WIZ550io
;
#else
byte mac[] = {0xDE,0xAD,0xBE,0xEF,0xFE,0xDF};
#endif
#define Light 2 //13 号引脚 LED 灯被 CLK 引脚占用
#define Sensor A0
EthernetServer server(80);
EthernetClient client;
String readString="";
const char htmlpage1[] PROGMEM  = {"<! DOCTYPE html>…<div id=\"brightness\" align=\"center\">"};
  //部分代码省略
const char htmlpage2[] PROGMEM  = {"</div> <div class=\"ui-grid-c\">…</html>"};  //部分代码省略
void setup(){
  Serial. begin(9600);
  if (Ethernet. begin(mac)== 0) {
    Serial. println("Failed to configure Ethernet using DHCP");
    for(;;)
      ;
  }
  server. begin();
  pinMode(Light,OUTPUT);
  digitalWrite(Light,HIGH);
  Serial. print("Server is at ");
  Serial. println(Ethernet. localIP());
}
void loop(){
  client =server. available();// 监听连入的客户端
  if (client) {
```

```
      Serial. println("new client");
      while (client. connected()) {
        if (client. available()) {
          char c = client. read();
          readString += c;
          if (c == '\n') {
            Serial. print(readString);
            if (readString. indexOf("bri")>0) {//检查收到的信息中是否有"bri",有则读取光敏模拟值,并返回给浏
览器
              int temp = analogRead(Sensor);
              client. println(temp);
              Serial. print("Send data:");
              Serial. println(temp);
              break;
            }
            if (readString. indexOf("? on")>0) {//检查收到的信息中是否有"? on",有则开灯
            digitalWrite(Light,HIGH);
            Serial. println("Led On");
            break;
            }
            if (readString. indexOf("? off")>0) {//检查收到的信息中是否有"? off",有则关灯
            digitalWrite(Light,LOW);
            Serial. println("Led Off");
            break;
            }
            SendHTML();//发送 HTML 文本
            break;
          }
        }
      }
    delay(1);
    client. stop();
    Serial. println("client disonnected");
    Serial. println();
    readString="";
  }
}
void SendHTML()// 用于输出 HTML 文本的函数
{
  client. println("HTTP/1. 1 200 OK");
  client. println("Content-Type:text/html");
  client. println("Connection:close");
```

```
client. println();
client. println("<! DOCTYPE HTML>");
for (int k = 0; k <strlen_P(htmlpage1); k++)
{
    char myChar =  pgm_read_byte_near(htmlpage1 + k);
    client. print(myChar);
}
client. println(analogRead(Sensor));
for (int k = 0; k <strlen_P(htmlpage2); k++)
{
    char myChar =  pgm_read_byte_near(htmlpage2 + k);
    client. print(myChar);
}
}
```

上述程序中的 HTML 页面。

```
<! DOCTYPE html>
<html>
<head
<! ――这是 jQuery mobile 的框架――>
  <meta name="viewport" content="width=device-width,initial-scale=1,charset="UTF-8">
  <link rel="stylesheet"
href="https://apps. bdimg. com/libs/jquerymobile/1. 4. 5/jquery. mobile-
1. 4. 5. min. css">
  <script
src="https://apps. bdimg. com/libs/jquery/1. 10. 2/jquery. min. js"></script>
  <script
src="https://apps. bdimg. com/libs/jquerymobile/1. 4. 5/jquery. mobile-
1. 4. 5. min. js"></script>
<! ――这是 js 代码,实现光敏更新和按键控制――>
  <script type="text/javascript">
    setInterval(function(){
      $ ("#brightness"). load("bri");
    },5000);<! ――每 5 秒光敏上传一次"bri"――>
    $ (document). ready(function(){
      $ ("button[id=light]"). click(function(){
      if( $ ("button[id=light]"). text()== "turn on"){
        $ ("button[id=light]"). text("turn off");
        $.get("? on");<! ――修改按键文字,并上传"? on"――>
      }else{
        $ ("button[id=light]"). text("turn on");
        $.get("? off");
```

```
    }
  });
});
  </script>
</head>
<!--以下是页面信息,这里不多解释-->
<body>
    <div data-role="page" id="pageone">
    <div data-role="header">
      <h1>Arduino Web Server</h1>
    </div>

    <div data-role="content">
      <p align="center">brightness:</p>
      <div id="brightness" align="center">255</div>

      <div class="ui-grid-c">
        <div class="ui-block-a" align="center">
          <span></span>
        </div>
        <div class="ui-block-b" align="center">
          <span><button id="light" type="button">Turn on</button></span>
        </div>
        <div class="ui-block-c" align="center">
          <span><button type="button" onclick="alert('This is a Web Server')">About</button></span>
        </div>
        <div class="ui-block-d" align="center">
          <span></span>
        </div>
      </div>
    </div>

    <div data-role="footer">
      <h1>Product by KevinCruz</h1>
    </div>
  </div>
</body>
</html>
```

示例程序是如何实现网页控制 Arduino 的呢? 示例程序的网页中嵌入了 JS 代码,网页中的按钮可以触发这些 JS 代码, JS 代码的功能是向服务器提出请求,服务器根据请求对 Arduino 进行操作,从而实现网页控制。例如,网页每 5s 向 Arduino 发送 GET 请求,请求内容中含有 "bri" 字符, Arduino 收到信息后判断收到的内容,如果含有 "bri" 字符，就将模拟引脚 A0 的数值发送给网页，网页则将该数值取代 id ＝ "brightness" 元素的数值，即网页中光敏位置的数值。

同理，每次点击网页中的按钮，网页会发送 GET 请求，请求内容为 "？on" 或 "？off"，这取决于按钮上面的文字，按钮文字为 "Turn on" 就发送 "？on"，若为其他，则发送 "？off"。Arduino 服务器收到请求后，会根据其内容控制 LED 灯点亮或熄灭。

### 8.3.5 jQuery JS 相关代码介绍

1. load（）方法

【原型】

load（url, data, function（response, status, xhr））

【功能】

load（）方法通过 AJAX 请求从服务器加载数据，并把返回的数据放置到指定的元素中。其中 url，规定要将请求发送到哪个网址；data，可选，是请求发送到服务器的数据；function（response, status, xhr），可选，规定当请求完成时运行的函数，其中，response 是请求的结果数据，status 是请求的结果状态（" success"," notmodified"," error"," timeout" 或 " parsererror"），xhr 是 XMLHttpRequest 对象。

【示例】

```
$（"button"）.click(function(){
    $（"div"）.load('demo_ajax_load.txt');// 请求改变 div 元素的文本
});
```

2. get（）方法

【原型】

$（selector）.get(url, data, success(response, status, xhr), dataType)

【功能】

get（）方法通过远程 HTTP GET 请求载入信息。这里只使用简单的方式，仅包含 url，即访问的网址。

【示例】

```
$.get("test.php");// 请求 test.php 网页，忽略返回值
```

3. 单击事件 click（）方法

【原型】

$（selector）.click()

【功能】

当点击元素时，会发生 click 事件。这里的元素 selector 特指按钮。

【示例】

```
$（"button"）.click(function(){
        $（"p"）.slideToggle();// 当点击按钮时，隐藏或显示元素
    });
```

**4. HTML DOM setInterval（）方法**

【原型】

setInterval(code, millisec[," lang" ]);

【功能】

setInterval（）方法可按照指定的周期（以毫秒计）来调用函数或计算表达式。它会不停地调用函数，直到 clearInterval（）被调用或窗口被关闭。其中，code 是要调用的函数或要执行的代码串；millisec 为时间间隔，以毫秒为单位。

【示例】

```
var int=self. setInterval("clock()",5000);//5 秒调用一次 clock 函数
function clock(){
    ……
}
```

**5. 加载事件 ready（）方法**

【原型】

$ (document). ready(function)

【功能】

当 DOM（文档对象模型）已经加载，并且页面（包括图像）已经完全呈现时，会发生 ready 事件。其中 function 为文档加载后要运行的函数。

【示例】

```
$ (document). ready(function(){
    $ (". btn1"). click(function(){
        $ ("p"). slideToggle();
    });
});
```

# 8.4　搭建简易的 Web 服务器

之前的学习内容都是使用 Arduino 作为服务器，但是 Arduino 的性能有限，目前市场的互联网产品多数使用 Arduino 作为客户端进行工作，服务器则搭建在性能较高的电脑上。

本节课的任务是搭建一个简易 Web 服务器，可以使用免费的服务器软件 WAMP 在电脑上搭建 Web 服务器，也可以购买云服务器来搭建 Web 服务器。

## 8.4.1　实验器材

- 可以上网的 Windows 操作系统电脑×1
- 无线路由器×1
- 网线 若干

### 8.4.2 基本原理

WAMP 是 Windows 下的 Apache＋Mysql/MariaDB＋Perl/PHP/Python 的英文简写，这是一组常用来搭建动态网站或者服务器的开源软件，本身都是各自独立的程序，但是因为常被放在一起使用，拥有了越来越高的兼容度，共同组成了一个强大的 Web 应用程序平台。其中，W 是 Windows 操作系统；A 是 Apache，最通用的网络服务器；M 是 MySQL，带有基于网络管理附加工具的关系数据库；P 是 PHP，流行的对象脚本语言，它包含了多数其他语言的优秀特征来使得它的网络开发更加有效。开发者在 Windows 操作系统下使用这些 Linux 环境里的工具称为使用 WAMP。

### 8.4.3 准备工作

#### 8.4.3.1 下载安装 WampServer

在 WAMP 的官网下载最新版的 WAMP 服务器，注意下载可安装文件 exe 版本。安装 WampServer 的过程很简单，一直单击 Next 就可以完成。

首先是安装软件的欢迎界面，单击"Next"即可，如图 8.19 所示。

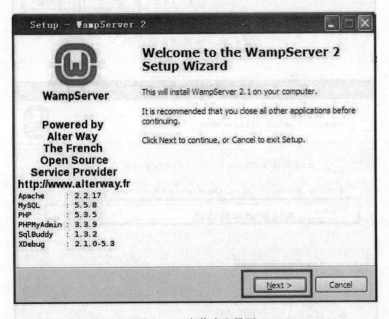

图 8.19 安装欢迎界面

然后是服务条款界面，选择"I accept the agreement"，再单击"Next"即可，如图 8.20 所示。

接下来是选择安装路径，需要注意的是，安装路径中不能出现中文，否则会导致服务器无法正常运行，如图 8.21 所示。

然后是选择快捷方式，选择是否创建快捷方式，然后单击"Next"，如图 8.22 所示

最后是安装前的信息确认，如图 8.23 所示，单击"Install"开始安装。

接下来等待安装结束即可，如图 8.24 所示。如果安装过程中出现缺失"VCRuntim-eXXX.dll"文件，可能是因为电脑中缺少 C＋＋运行库，请到微软官网下载相应运行库

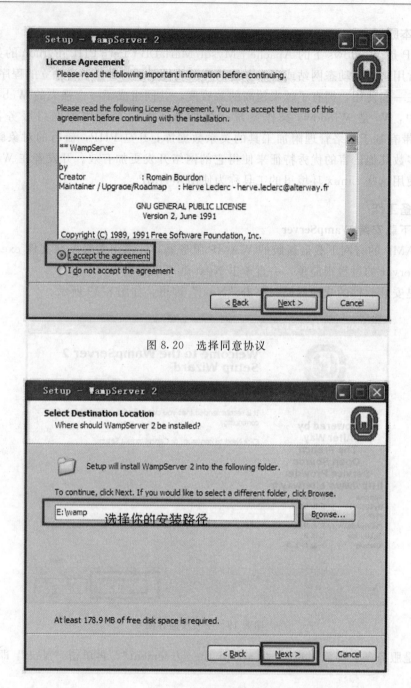

图 8.20 选择同意协议

图 8.21 选择安装路径

安装。安装好运行库后，重新安装 WAMP 服务器即可。

安装过程中会弹出对话框提示选择服务器的默认浏览器和默认编辑软件，可以使用默认浏览器（IE）或编辑软件（记事本），也可以指定浏览器或编辑软件，如图 8.25 所示，选择自己想要使用的浏览器，单击"打开"即可。

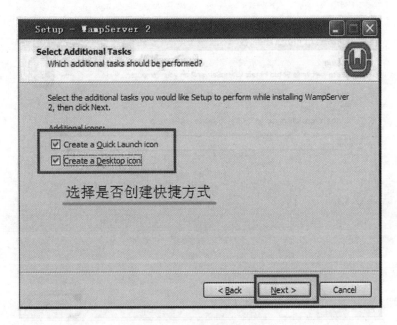

图 8.22　创建快捷方式

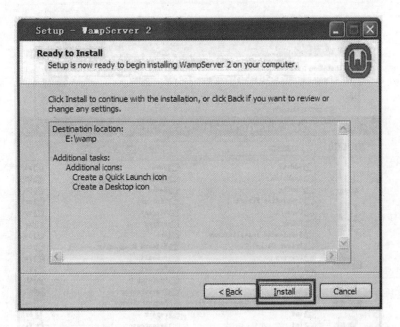

图 8.23　确认安装信息

　　然后会弹出一个输入管理员邮箱以及邮箱 SMTP 服务器的窗口，如图 8.26 所示，一般情况下直接单击 "Next" 就可以了，不会影响安装。

　　至此，WAMP 主程序的安装顺利结束，安装程序左边会显示相应程序和服务的 IP 地址，如图 8.27 所示，单击 "Finish" 完成安装。

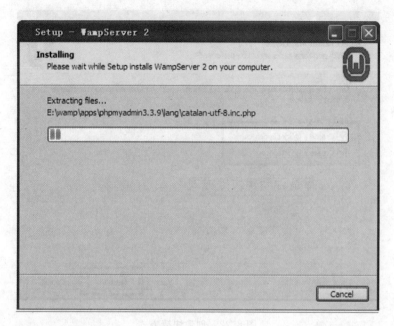

图 8.24　安装进度

图 8.25　选择默认浏览器

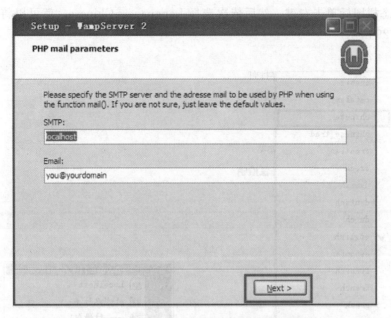

图 8.26 填写 SMTP 服务邮箱名称和邮箱地址

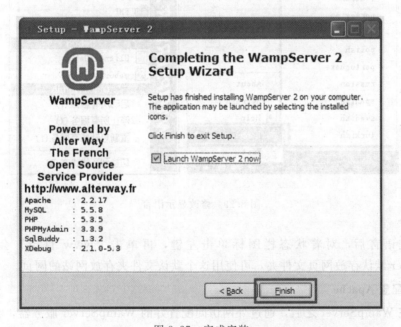

图 8.27 完成安装

安装完之后,打开服务器,屏幕右下角就会出来一个 WAMP 图标,如图 8.28 所示,当图标为绿色时,说明服务器正常,若图标为橙色或红色,说明服务器运行不正常。

图 8.28 WAMP 系统状态栏图标

对着状态栏图标单击右键，然后依次选择 Language→Chinese，就可以将语言变成中文，如图 8.29 所示。

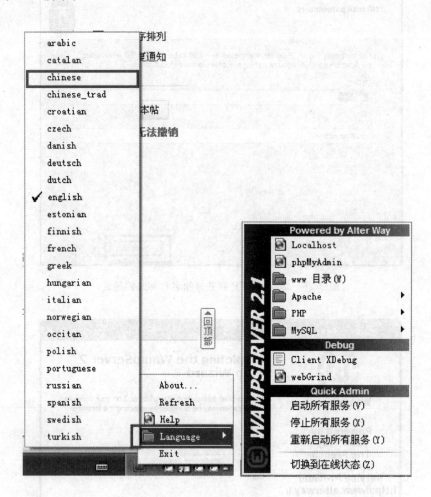

图 8.29　修改显示语言

修改完语言后，对着状态栏图标单击左键，再单击"www 目录"会打开安装 WampServer 默认存放网页文件夹，可使用这个默认文件夹存放网站的网页。

### 8.4.3.2　配置 Apache

刚装完 WampServer 之后，通过外网访问配置好的 WampServer 服务器，会提示权限不够，这是因为 WampServer 默认是只允许 127.0.0.1 访问的，也就是只允许本机访问。修改方法如下：依次单击状态栏图标→Apache→httpd.conf，找到如图 8.30 所示的地方，大概在第 234 行，把"Deny from all"删掉，再把"Allow from 127.0.0.1"改成"Allow from all"即可。

这时在同一网段内电脑或手机浏览器中输入服务器所在电脑的 IP 地址，试着访问到如图 8.31 所示的主页。

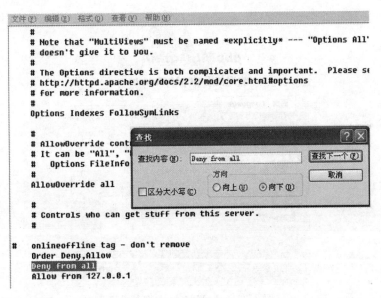

图 8.30　修改访问权限

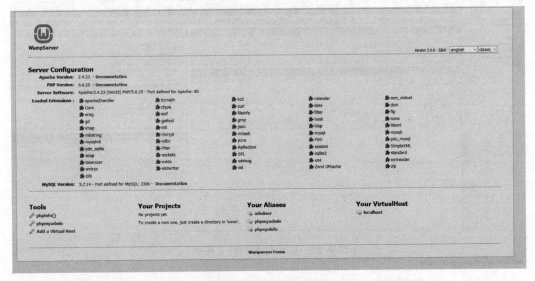

图 8.31　WAMP 默认主页

### 8.4.3.3　配置 MySQL

依次单击状态栏图标"phpMyAdmin"，打开如图 8.32 所示的页面，在这里可以方便地设置和操作 MySQL 数据库。

第一次登录只需要在用户名填写"root"就可以了，这时，数据库还没有密码。登录后，可以看到如图 8.33 所示的主界面。

设置数据库的密码，单击"账户"按钮，可以看到如图 8.34 所示的界面，然后单击"修改权限"。

图 8.32 phpMyAdmin 登录页面

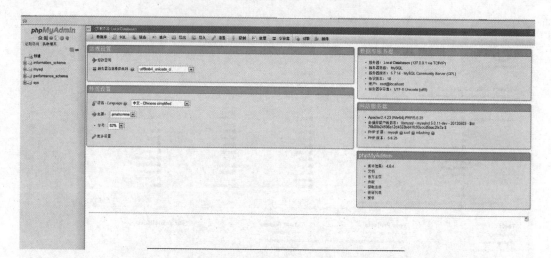

图 8.33 phpMyAdmin 主界面

图 8.34 账户设置界面

单击后打开如图 8.35 所示的界面，在这里可以选择账户的访问权限，选择上方的"修改密码"按钮。

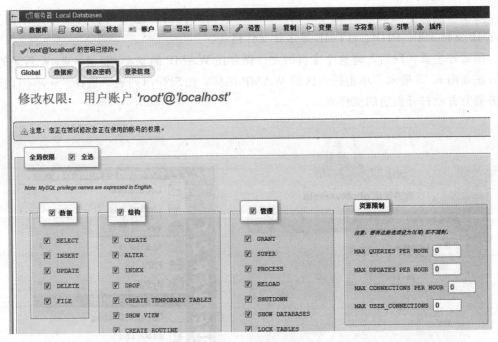

图 8.35 账户修改界面

然后，打开如图 8.36 所示的界面，设置好密码。

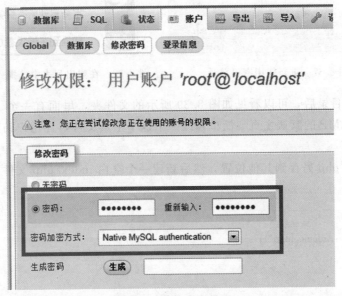

图 8.36 修改密码界面

修改完成后，需要重新登录，如图 8.37 所示，这时就需要使用刚才设置的密码。

MySQL 的基本配置就全部完成了，下一节课将学习如何使用数据库创建表单，从而保存和管理数据。至此，WAMP 的配置已经全部完成，接下来，替换服务器的主页。

### 8.4.4　编写程序

这里可以使用之前课程编写的 Arduino 主页网页代码，也可以自行编写一个网页，WAMP 支持 JSP、PHP、HTML 等多种文件格式。

编写好主页代码后，将这个主页的文件保存在 WAMP 的 www 目录。www 目录的打开方法如图 8.38 所示。单击托盘区的 WAMP 图标，出现弹出列表，选择"www 目录"，服务器会自动打开相应的文件夹。

図 8.37　重新使用密码登录　　　　図 8.38　在弹出列表中选择"www 目录"

打开 www 目录后，可以看见如图 8.39 所示的文件夹，里面有一个"index.php"文件，这就是 WAMP 的默认主页。简单修改一下这个主页文件，让用户访问服务器后自动跳转到主页上。

将原 index.php 另存到其他位置，然后新建一个空白 index.php 文件，在文件内添加如下代码：

```
<? php
    header("Location:Arduino. html");
    exit();
? >
```

其中，"Arduino.php"是 Arduino 主页文件，大家可以替换为自己的主页文件名，但是需要注意，这个文件必须保存在 www 目录中。接下来，大家试试访问 Web 服务器，看看打开的页面是什么。

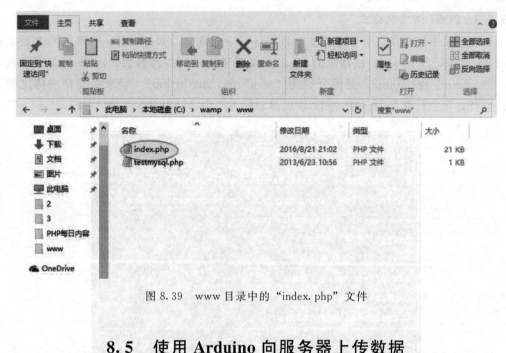

图 8.39　www 目录中的"index.php"文件

# 8.5　使用 Arduino 向服务器上传数据

本任务要求 Arduino 每 10s 将开机时间上传到网络服务器的数据库中，如图 8.40 所示。

## 8.5.1　实验器材
- Arduino UNO 板×1
- W5500 网络模块×1
- 无线路由器×1
- 网线 若干
- 杜邦线 若干

## 8.5.2　基本原理
### 8.5.2.1　HTTP 协议

超文本传输协议（HTTP）的设计目的是保证客户机与服务器之间的通信。HTTP 的工作方式是客户机与服务器之间的请求-应答协议。Web 浏览器可能是客户端，而计算机上的

图 8.40　服务器的数据库中
收到的上传数据

网络应用程序也可能作为服务器端。例如：客户端（浏览器）向服务器提交 HTTP 请求；服务器向客户端返回响应。响应包含关于请求的状态信息以及可能被请求的内容。

### 8.5.2.2　两种 HTTP 请求方法：GET 和 POST

在客户机和服务器之间进行请求-响应时，两种最常被用到的方法是 GET 和 POST。①GET 是从指定的资源请求数据；②POST 是向指定的资源提交要被处理的数据。

### 8.5.2.3　POST 请求的格式

POST 请求包含两部分：请求头（Header）和请求体（Body）。一个简单的 POST 请求格式，如图 8.41 所示，该请求的 Header 包含了请求的各种参数，Body 包含了一些数据，如 param1 与 param2，其值分别为 "java" 和 "algorithm"。请求头与请求体之间有一行空行，该空行就是 Header 与 Body 的分割标志，用字符串表示就是 " \ r \ n \ r \ n"。

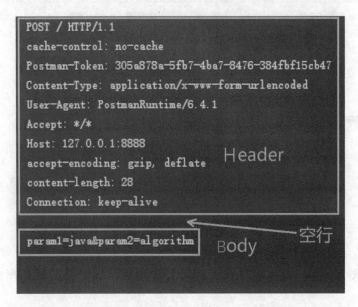

图 8.41　一个简单的 POST 请求格式

1. 请求头（Header）

请求头包含一系列与请求有关的信息，第一行 POST/HTTP/1.1 表明这是一个 POST 请求，HTTP 版本为 1.1。接下来的几行都是与该请求有关的信息，其中 Content - Type 与 Content - Length 是来用于描述请求体（Body）的数据类型和数据总长度的。

2. 请求体（Body）

请求体格式变化很灵活，可以是纯文本，也可以是二进制数据。必要时需要在请求头（Header）的 Content - Type 属性里声明。

### 8.5.3　准备工作

#### 8.5.3.1　网络硬件搭建

W5500 连在路由器上，确保路由器可以上网。本次任务中，Arduino 需要将开机时间数据上传到服务器，电脑浏览器可以访问数据库来查看这些数据。

#### 8.5.3.2　配置数据库

这里需要配置 WAMP 的 MySQL，配置的内容主要是新建数据库、数据表和字段，操作流程如下。

首先在 "数据库" 栏单击 "新建数据库"，如图 8.42 所示，在输入栏输入新数据库的名字，这里设置新数据库的名称为"arduino_db"，然后单击"创建"按钮。

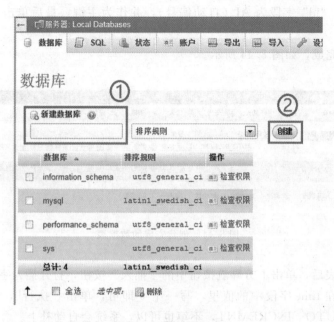

图 8.42 新建数据库

新建完数据库后，在数据库内再新建数据表，如图 8.43 所示，这里数据表名为

图 8.43 新建数据表

"TimePost _ table"。填写完表名后，继续填写字段名，添加两个字段，名称分别为"id"和"time"，其中"id"字段为 AI（自动编号），并作为主键。最后单击"执行"来新建数据表。

新建数据表完成，如图 8.44 所示。

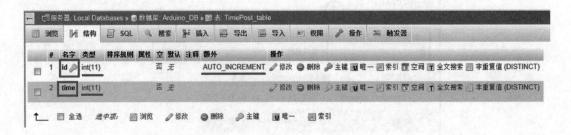

图 8.44　创建完成的数据表

新建完数据表后，单击上方导航按钮中的"插入"按钮，打开插入字段页面，这里插入一个新字段，在 time 字段中的值里，写一个 0 即可，单击"执行"，如图 8.45 所示，id 字段由于是 AUTO _ INCREMNT，不填也可以，系统会自动补上。

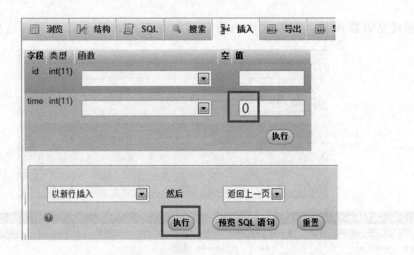

图 8.45　新建字段界面

新建字段完成后，如图 8.46 所示。

建好数据库后，可以让 Arduino 向 TimePost _ table 表中上传数据。

图 8.46　新建字段结果

### 8.5.4　编写程序

Arduino 上传开机时间程序，每 10s 上传一次。

```
#include <SPI.h>
```

```
#include <Ethernet. h>
#if defined(WIZ550io_WITH_MACADDRESS)// Use assigned MAC address of WIZ550io
;
#else
byte mac[] = {0xDE,0xAD,0xBE,0xEF,0xFE,0xDF};
#endif
char server[] = "192. 168. 45. 121";      // name address for Google(using DNS)
String parametri ="millis=";              //String of POST parameters
unsigned long lastConnectionTime = 0;          // last time you connected to the server,in milliseconds
const unsigned long postingInterval = 10L * 1000L; // delay between updates,in milliseconds
EthernetClient client;
void setup(){
  Serial. begin(9600);
  if (Ethernet. begin(mac)== 0) {
    Serial. println("Failed to configure Ethernet using DHCP");
    for(;;)
      ;
  }
  Serial. print("IP address is:");
  Serial. println(Ethernet. localIP());
}


void loop(){
  if (client. available()) {
    char c =client. read();
    Serial. print(c);
  }


  if (millis()- lastConnectionTime > postingInterval) {
    httpRequest();
  }
}


void httpRequest() {
  client. stop();
  Serial. println("connecting...");
  if (client. connect(server,80)) {
    Serial. println("connected");
    client. println("POST /ArduinoUpdate. php HTTP/1. 1");
    client. println("Host:192. 168. 45. 121");
    client. print("Content-length:");
    parametri = "millis=" + String(millis());
```

```
    client. println(parametri. length());
    client. println("Connection:Close");
    client. println("Content-Type:application/x-www-form-urlencoded;");
    client. println();
    client. println(parametri);
    lastConnectionTime = millis();
  }
  else {
    Serial. println("connection failed");
  }
}
```

在 WAMP 服务器的 www 目录中添加一个 ArduinoUpdate. php 文件，该文件的作用
是收到携带 millis 参数的 POST 请求，就在 Arduino _ db 数据库的 TimePost _ table 表中
插入一个新行，并把参数 millis 的数据存放在 time 字段中。ArduinoUpdate. php 文件代
码如下：

```php
<? php
//Arduino 上传数据,存入数据库
$ millis = $ _POST['millis'];
echo $ millis;
//包含数据库连接文件
$ conn =mysqli_connect("127.0.0.1","root"," * * * * * *","Arduino_db")or die("数据库链接错误". mysql_error
());//" * * * * * *"为 MySQL 登录密码,请自行替换
//插入数据
$ sql = "INSERT INTO TimePost_table(time)VALUES(". $ millis. ")";
$ result =mysqli_query( $ conn, $ sql);
mysqli_close( $ conn);

if( $ result){
    //登录成功
    echo "上传数据成功";
    exit;
} else {
    echo "上传数据失败";
    exit;
}
? >
```

打开服务器软件，等待其图标变成绿色，然后 Arduino 上电，一段时间后，使用浏览
器查看数据库的 TimePost _ table 表是否多了很多数据。

### 8.5.5 相关代码介绍

1. HTTP POST 请求报文

【原型】

＜request－line＞

＜headers＞

＜blank line＞

＜request－body＞

【功能】

一个 HTTP 请求报文由请求行（Request line）、请求头部（Header）、空行（Blank Line）和请求数据（Request-Body）4 个部分组成。

请求报文的请求行一般有 3 个元素，请求方式（GET、POST 等）、请求的对象、协议版本。

请求头部对请求的细节作进一步说明，例如 Host 表示想访问的主机名，Content-Length 表示请求消息正文的长度，Connection 表示处理完这次请求后是否断开连接等，还有很多参数这里不作过多解释。

请求头部后面必须有一个空行，告诉服务器请求头部到此为止。

最后是请求数据的内容，其中 GET 方法是不带数据的，POST 方法可以带数据也可以不带，多个数据使用 "&" 来连接各个字段。

【示例】

POST /ArduinoUpdate.php HTTP/1.1

Host:192.168.45.121

Content－length:20

Connection:Close

Content-Type:application/x－www－form－urlencoded

name=kc&password=123

2. PHP 获取 POST 数据

【原型】

$_ POST['fieldname'];

【功能】

这是 PHP 接收 POST 数据最常见的方法，但只能接收 Content－Type：application/x－www－form－urlencoded 提交的数据。

【示例】

$ millis = $_POST['millis'];

3. PHP 响应请求

【原型】

echo(strings)

【功能】

echo（）函数输出响应一个或多个字符串，其中 strings 为响应内容。

【示例】

echo "Hello world!";

4. PHP 连接数据库函数

【原型】

mysqli_connect(host, username, password, dbname);

【功能】

mysqli_connect() 函数打开一个到 MySQL 服务器的新的连接，其中 host 为主机名或 IP 地址；username 为 MySQL 用户名；password 为 MySQL 密码；dbname 为数据库名。

【示例】

$ conn = mysqli_connect("127.0.0.1","root","＊＊＊＊＊＊","Arduino_db")

//PHP 的变量前都要加"＄"符号

5. sql 插入新行语句

【原型】

INSERT INTO 表名称 VALUES（值 1，值 2，…）

INSERT INTO 表名称（列 1，列 2，…）VALUES（值 1，值 2，…）

【功能】

INSERT INTO 语句用于向表格中插入新的行。其中，"表名称"为要插入的数据表名，可以插入整一行数据，也可以向某几列插入数据，其他列为空。

【示例】

"Persons" 表：

| LastName | FirstName | Address | City |
|---|---|---|---|
| Carter | Thomas | Changan Street | Beijing |

INSERT INTO Persons VALUES('Gates','Bill','Xuanwumen 10','Beijing')结果：

| LastName | FirstName | Address | City |
|---|---|---|---|
| Carter | Thomas | Changan Street | Beijing |
| Gates | Bill | Xuanwumen 10 | Beijing |

## 8.6　使用 Arduino 读取服务器上的数据

本节要求 Arduino 每 10s 读取一次网络服务器的数据，该数据位于 MySQL 数据库内

的指定数据表中，Arduino 需要读取该数据表中指定的字段数据并显示在串口，如图 8.47
所示。

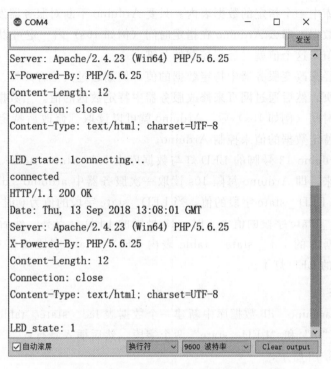

图 8.47　Arduino 从服务器获得的 LED 状态值

### 8.6.1　实验器材

- Arduino UNO 板×1
- W5500 网络模块×1
- 无线路由器×1
- 网线 若干
- 杜邦线 若干

### 8.6.2　基本原理

　　网络远程控制的原理和 8.5 中学习的网页控制原理不同，在 8.5 中，Arduino 是服务
器，网页存放在 Arduino 中，但 Arduino 的性能有限，无法满足服务器的全部功能，如不
能使用数据库。因此，本节使用电脑作为服务器，Arduino 作为客户端，来实现网络远程
控制功能。

　　网络远程控制功能是指使用电脑或手机等客户端，通过网页或 APP 访问服务器，通
过服务器远程控制联网设备，从而实现对设备的远程控制。以 Arduino 为例，使用电脑或
手机等客户端访问服务器上的网页，并通过网页上的按钮控制指定的 Arduino 点亮或熄灭
LED 灯。Arduino 向服务器上传数据，其过程就是通过 Arduino 向服务器发送 POST 请
求，那么如何使用服务器反向控制 Arduino 呢？

其实原理很简单，让 Arduino 不断向服务器发送请求，时间不能太快（例如每 10s 一次），否则服务器来不及响应。服务器收到请求后向 Arduino 发送一个特定数据，这个特定数据位于数据库中一个指定的数据表内。只要 Arduino 不断对服务器发送请求，并且收到服务器响应的数据，那么 Arduino 在指定时间（例如 10s）内一定可以读取到服务器中这个特定数据的值，这个值就是远程控制的关键。

通过其他途径来改变服务器中特定数据的值，例如通过其他客户端（手机或电脑）访问服务器上的网页，然后通过网页来修改服务器中特定数据的值。当数据库中特定数据的值被修改，一定时间（例如 10s）后，Arduino 就可以读取到修改后特定数据的值，这样就可以通过这个特定数据的值来控制 Arduino。

例如，将 Arduino 13 号脚的 LED 灯与数据库中 led_state_table 表内 LED_state 字段的值关联起来，即 Arduino 每隔 10s 读取一次服务器中 arduino_db 数据库的 led_state_table 表内 LED_state 字段的值，当 LED_state 字段的值为 0 时，13 号脚的 LED 灯熄灭，当 LED_state 字段的值为 1 时，13 号脚的 LED 灯点亮。然后就可以通过修改 arduino_db 数据库的 led_state_table 表内 LED_state 字段的值来实现远程控制 Arduino 13 号脚的 LED 灯了。

### 8.6.3　准备工作

在服务器的 arduino_db 数据库中新建一个数据表 led_state_table，然后在该表中添加字段，建立"id"和"LED_state"两个字段，然后插入新行，"LED_state"字段的值为 1，如图 8.48 所示，

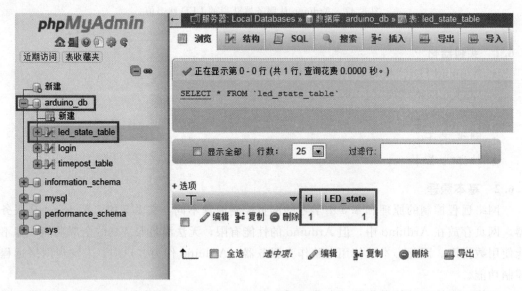

图 8.48　新建 led_state_table 数据表并插入数据

### 8.6.4　编写程序

Arduino 读取服务器指定字段的程序，每 10s 读取一次。

```
#include <SPI.h>
```

```
#include <Ethernet. h>
#if defined(WIZ550io_WITH_MACADDRESS)// Use assigned MAC address of WIZ550io
;
#else
byte mac[] = {0xDE,0xAD,0xBE,0xEF,0xFE,0xDF};
#endif
char server[] = "192.168.45.121";    // name address for Google(using DNS)
String parametri ="LED_state=get_state";            //String of POST parameters
unsigned long lastConnectionTime = 0;          // last time you connected to the server,in milliseconds
const unsigned long postingInterval = 10L * 1000L; // delay between updates,in milliseconds
EthernetClient client;
void setup(){
    Serial. begin(9600);
    if (Ethernet. begin(mac)== 0) {
        Serial. println("Failed to configure Ethernet using DHCP");
        for(;;)
            ;
    }
    Serial. print("IP address is:");
    Serial. println(Ethernet. localIP());
}


void loop(){
    if (client. available()) {
        char c =client. read();
        Serial. print(c);
    }


    if (millis()- lastConnectionTime > postingInterval) {
        httpRequest();
    }
}


void httpRequest() {
    client. stop();
    Serial. println("connecting...");
    if (client. connect(server,80)) {
        Serial. println("connected");
        client. println("POST /ArduinoDownload. php HTTP/1.1");
        client. println("Host:192.168.45.121");
        client. print("Content-length:");
        client. println(parametri. length());
```

```
client. println("Connection;Close");
client. println("Content-Type;application/x-www-form-urlencoded;");
client. println();
client. println(parametri);
lastConnectionTime = millis();
}
else {
Serial. println("connection failed");
}
}
```

　　在服务器端，需要添加一个请求处理网页，对 Arduino 提交的请求进行处理，因此在 WAMP 服务器的 www 目录中，需要添加一个 ArduinoDownload. php 文件。该文件的具体功能是，收到参数为"LED＿state"的 POST 请求，就将 arduino＿db 数据库中 LED ＿state＿table 数据表的 LED＿state 字段值发送给 Arduino，完整代码如下：

```
<? php
//Arduino 请求数据,读取数据库内指定内容并返回
$ LED_state = $ _POST['LED_state'];
if( $ LED_state == "get_state"){
    //包含数据库连接文件
    $ conn =mysqli_connect("127.0.0.1","root"," * * * * * *","arduino_db")or die("数据库链接错误". mysql_
error());//" * * * * * *"为 MySQL 登录密码,请自行替换
    $ sql = "select * from LED_state_table where id = 1";
    $ result =mysqli_query( $ conn, $ sql);
    if (mysqli_num_rows( $ result)> 0) {
        while( $ row = mysqli_fetch_assoc( $ result)) {
            echo "LED_state;". $ row["LED_state"];
        }
    } else {
        echo "没有结果";
    }
    mysqli_close( $ conn);
}
exit;
? >
```

　　通过上面的程序，我们可以实现定时读取服务器的指定数据，请大家继续完善程序，让 Arduino 通过读取到的指定数据控制 LED 灯点亮或熄灭，进而实现远程控制功能。

# 第 9 章

# Wi‐Fi 通 信

## 9.1 配置 Wi‐Fi 开发环境

本任务要求大家配置 ESP8266 for Arduino 的开发环境，然后通过 Arduino IDE 给 ESP8266 下载一个 Wi‐Fi 扫描示例程序，让 ESP8266 检测周围的 Wi‐Fi 信号并把结果输出在串口，效果如图 9.1 所示。

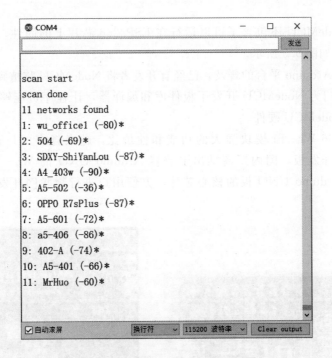

图 9.1 检测周围 Wi‐Fi 信号效果

### 9.1.1 实验器材

实验器材如图 9.2 所示。

- 兼容 Arduino IDE 的 ESP8266 开发板×1

### 9.1.2 基本原理

NodeMCU 是一个开源的物联网平台，具有开源、交互式、可编程、低成本、简单、智能等特点。该平台基于 eLua 开源项目，底层基于 ESP8266 SDK，可以使用 Lua 脚本语

图 9.2　实验器材：兼容 Arduino IDE 的 ESP8266 开发板

言进行编程。NodeMCU 还包含了可以运行在 ESP8266 芯片上的固件，以及基于 ESP－12 模组的硬件，如图 9.3 所示。

　　由于近年来 Arduino 平台的普及，已经有开发者将 NodeMCU 移植到 Arduino 平台上使用。开发者专门为 NodeMCU 开发了板件库和编译器，让程序员能够使用 Arduino 平台的语言开发 NodeMCU 硬件。

　　由于 ESP8266 Wi－Fi 模块强大的功能和性价比，越来越多的厂商开始制作基于 ESP8266 通信的开发板，国内厂商推出了兼容 Arduino UNO 的 Wi－Fi 开发板，它将 ESP8266 作为 Arduino UNO 板的核心芯片，方便用户进行物联网开发，板件如图 9.4 所示。

图 9.3　NodeMCU 硬件开发板

图 9.4　基于 ESP8266 的 Arduino UNO 开发板

### 9.1.3　准备工作

　　为了能够让 ESP8266 在 Arduino IDE 上进行编程和开发，需要在 Arduino IDE 内添加 ESP8266 的硬件库，可以参考 ESP8266 for Arduino 的官方说明（https：//

github. com/esp8266/Arduino）。共 4 种安装方式：①Using Boards Manager（开发板管理器）；②Using Git Version（GitHub 下载，手动安装）；③Using PlatformIO（使用 PlatformIO 安装，适用于 Linux 系统）；④Building with make（使用 makefile 开发工具安装）。

推荐使用第一种方式，对于 Arduino 而言最简单、方便。

打开 Arduino IDE，在菜单栏中依次选择"文件"→"首选项"，如图 9.5 所示。

打开如图 9.6 所示窗口，单击"附加开发板管理器网址"后面的按钮。

单击按钮后，打开如图 9.7 所示窗口，在输入框内添加"http：//arduino. esp8266. com/stable/package _ esp8266com _ index. json"字段，这是开发板管理器的外部源，添加后就可以在开发板管理器内找到 ESP8266 相关的硬件库。添加完毕后，单击"好"。

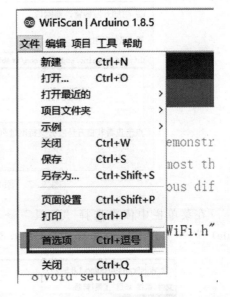

图 9.5 选择首选项

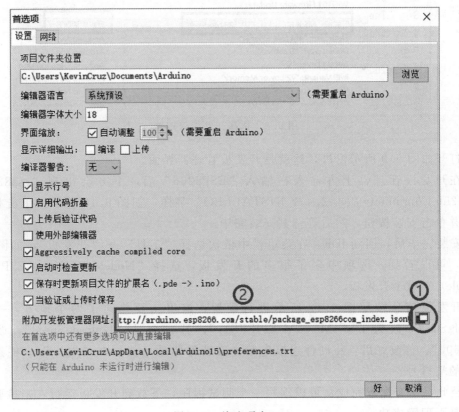

图 9.6 首选项窗口

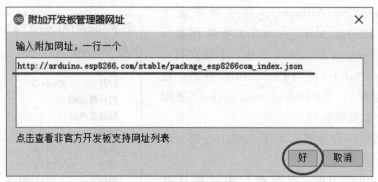

图 9.7　添加开发板管理器外部源

在菜单栏中依次选择"工具"→"开发板"："Node MCU1.0（ESP-DE Module）"→"开发板管理器"，如图 9.8 所示。

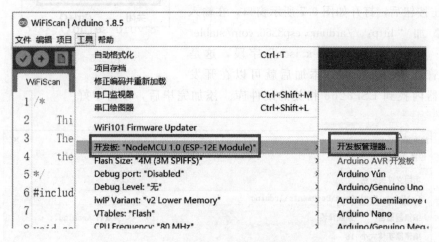

图 9.8　选择开发板管理器

打开如图 9.9 所示窗口，这就是开发板管理器界面。

在开发板管理器上方输入栏输入"ESP8266"后，下方会出现"esp8266 by ESP8266 Community 版本 2.4.2 INSTALLEO"字样，如图 9.10 所示，单击相关选项，并单击安装按钮，然后等待其安装完毕。

安装完毕后，回到 IDE，在菜单栏中依次选择"工具"→"开发板"，如图 9.11 所示，可以看到，选项中多了很多的开发板，选择"NodeMCU 1.0（ESP-12E Module）"这个开发板。

开发板信息按照图 9.12 所示进行配置，这里主要修改了两个地方，一个是"Flash Size"，改为了"4M（3M SPIFFS）"；另一个是"Upload Speed"，改为了"921600"。修改好后，将硬件连接电脑，安装好驱动，然后在"端口"一栏选择开发板的端口号。

至此，所有配置完成，可以编写一个测试程序，下载到开发板运行，来检验开发环境是否配置成功。

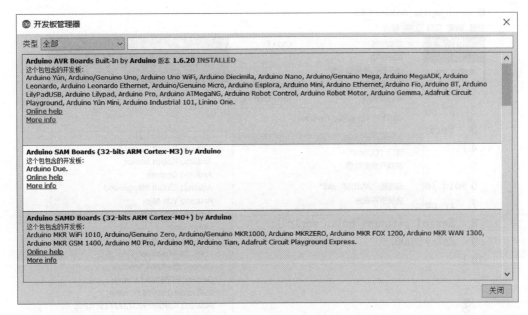

图 9.9　开发板管理器界面

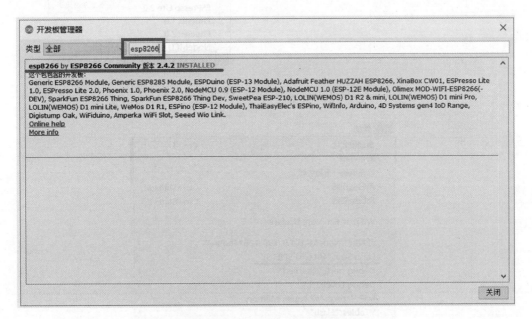

图 9.10　安装 ESP8266 硬件库

### 9.1.4　编写程序

给 ESP8266 下载一个扫描周围的 Wi-Fi 信号的示例程序，具体操作如下：在菜单栏中依次选择"文件"→"示例"→"ESP8266WiFi"→"WiFi Scan"，如图 9.13所示，单击打开示例。

打开后，直接单击下载，然后打开串口监视器，看看是否有输出，如果输出了周

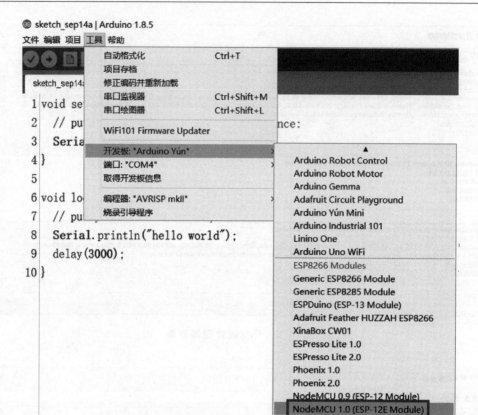

图 9.11  选择 ESP8266 开发板

图 9.12  配置开发板信息

围 Wi-Fi 信号的信息，说明程序下载成功，ESP8266 的 Arduino 开发环境配置完成。

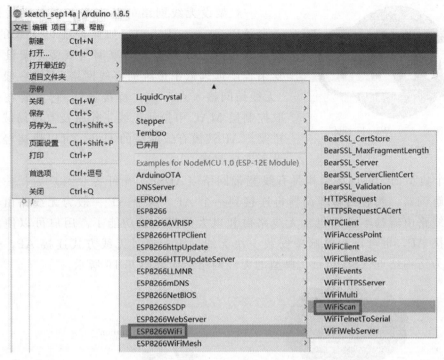

图 9.13 打开 "WiFiScan" 示例

# 9.2 Wi-Fi模块做客户端

本节课的任务要求使用 ESP8266 通过 Wi-Fi 连接网络服务器，定时上传数据到服务器的数据库中，效果如图 9.14 所示。

## 9.2.1 实验器材

• 兼容 Arduino IDE 的 ESP8266 开发板×1

• 可以上网的 Windows 系统电脑×1

• 无线路由器×1

• 网线 若干

## 9.2.2 基本原理

Wi-Fi 是一种允许电子设备连接到一个无线局域网（WLAN）的技术，通常使用 2.4G UHF 或 5G SHF ISM 射频频段。Wi-Fi 也是一个无线网络通信技术的品牌，由 Wi-Fi 联盟所持有，商标如图 9.15 所示。目的是改善基于 IEEE 802.11 标准的无线网路产品之间的互通性。

图 9.14 通过 Wi-Fi 上传数据到服务器

图 9.15　Wi-Fi 标志

一般架设无线网络的基本配备就是无线网卡及一台 AP（Access Point），如此便能以无线的模式，配合既有的有线架构来分享网络资源，架设费用和复杂程度远远低于传统的有线网络。AP 一般翻译为"无线访问接入点"或"桥接器"。它主要在媒体存取控制层 MAC 中扮演无线工作站及有线局域网络的桥梁。AP 就像有线网络的 Hub，可以快速轻易地把设备连接起来。

一个典型的无线网络结构是有线宽带网络（ADSL、光纤等）到户后，一般先连接调制解调器，然后调制解调器再连接到一个 AP，这个 AP 一般为无线路由器，现在的无线路由器基本已经包含无线路由和以太网交换机功能了。用户可以使用普通网线连接 AP，也可以在电脑中安装一块无线网卡，通过无线方式连接 AP，这些设备被称为结构站点（Station），典型的无线网络结构如图 9.16 所示。

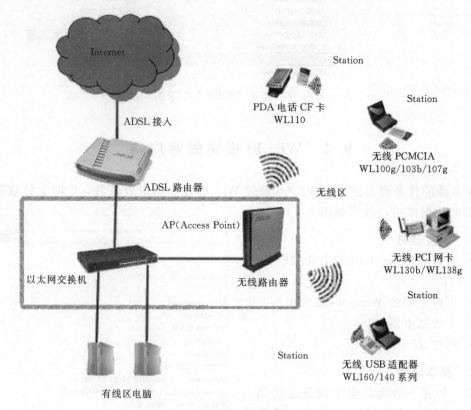

图 9.16　典型无线网络结构示意图

## 9.2.3　准备工作

本次实验是让 ESP8266 作为站点（Station）来连接周围的可接入网络节点（AP）。首先，确保 ESP8266 被路由器的无线信号覆盖，然后必须知道路由器的 SSID 和无线密钥，这样才能顺利连接无线路由器。接下来需要用到第 8 章搭建的 WAMP

服务器，让服务器连接在无线路由器上，这样 ESP8266 就可以通过无线方式访问 WAMP 服务器了，实验的网络结构如图 9.17 所示。

图 9.17 网络结构示意图

搭好网络后，就可以使用 ESP8266 上传数据到 WAMP 服务器了。可以延用之前的数据库和数据表，也就是 arduino_db 数据库中的 TimePost_table 表，内含两个字段，分别是 id 和 time。为了方便观察实验结果，需要将 TimePost_table 表中已经存在的字段全部删除，这样 ESP8266 上传的数据就更容易看到。

### 9.2.4 编写程序

主动连接无线路由器，连接成功后访每隔 10s 钟上传一次开机时间数据。

```
#include <ESP8266WiFi.h>
const char * ssid     = "A5-502";
const char * password = "* * * * * * * * * * * *";//填写自己的 WIFI 密码
char server[] = "192.168.45.121";
String parametri = "millis=";              //String of POST parameters
unsigned long lastConnectionTime = 0;           // last time you connected to the server,in milliseconds
const unsigned long postingInterval = 10L * 1000L; // delay between updates,in milliseconds
WiFiClient client;
void setup(){
  int Connect_Times = 0;
  Serial.begin(115200);
  delay(10);
  Serial.println();
  Serial.println();
  Serial.print("Connecting to \"");
  Serial.print(ssid);
  Serial.println("\"");
  WiFi.mode(WIFI_STA);
```

```
    WiFi. begin(ssid,password);

    while(WiFi. status()! = WL_CONNECTED){
        delay(500);
        Connect_Times++;
        Serial. print(". ");
        if(Connect_Times>100){
            Serial. print("");
            Serial. println("Connect fail. ");
            while(1);
        }
    }

    Serial. println("");
    Serial. println("WiFi connected");
    Serial. println("IP address:");
    Serial. println(WiFi. localIP());
}
void loop(){
    if (client. available()){
        char c = client. read();
        Serial. print(c);
    }
    if (millis() - lastConnectionTime > postingInterval){
        httpRequest();
    }
}
void httpRequest(){
    client. stop();
    Serial. println("connecting...");
    if (client. connect(server,80)){
        Serial. println("connected");
        client. println("POST /ArduinoUpdate. php HTTP/1. 1");
        client. println("Host:192. 168. 45. 121");
        client. print("Content-length:");
        parametri = "millis=" + String(millis());
        client. println(parametri. length());
        client. println("Connection:Close");
        client. println("Content- Type:application/x- www- form- urlencoded;");
        client. println();
        client. println(parametri);
        lastConnectionTime = millis();
```

```
    }
    else {
      Serial. println("connection failed");
    }
}
```

可以发现，ESP8266 库中的函数与 Ethernet 库中的函数大致相似，编程思路也大致相似。在服务器端，可以使用第 8 章节编写的 ArduinoUpdate. php 文件来处理 POST 请求，其代码如下：

```
<? php
//Arduino 上传数据，存入数据库
$ millis = $ _POST['millis'];
echo $ millis;
//包含数据库连接文件
$ conn = mysqli_connect("127.0.0.1","root"," * * * * * * ","arduino_db") or die("数据库链接错误". mysql_error());//" * * * * * *"为 MySQL 登录密码，请自行替换
//插入数据
$ sql = "INSERT INTO timepost_table(time) VALUES(". $ millis. ")";
$ result = mysqli_query($ conn, $ sql);
mysqli_close( $ conn);

if( $ result){
    //登录成功
    echo "上传数据成功";
    exit;
} else {
    echo "上传数据失败";
    exit;
}
```

### 9.2.5 ESP8266 Wi-Fi库函数介绍

1. Wi-Fi 模式设置函数

【原型】

WiFi. mode（mode）；

【功能】

用于设置 Wi-Fi 工作的模式，其中参数 mode 为模式，可选参数有 WiFi_ STA（Station 基站模式）、WiFi_ AP（AP 中继模式）、WiFi_ AP_ STA（AP+STA 混合模式）。STA 模式主要用于连接无线路由器等 AP 设备；AP 模式允许其他 STA 设备（如手机、电脑等）连接 ESP8266；混合模式则是两者的综合。

【示例】

WiFi. mode（WIFI_ STA）；

2. 连接 Wi-Fi 函数

【原型】

WiFi. begin（ssid，password）;

【功能】

用于连接附近的无线路由器，其中 ssid 为无线名称，password 为无线网络密码。只有该 ssid 无线在模块 Wi-Fi 范围内，模块就会主动进行连接。

【示例】

WiFi. begin（"A5-502"，"123456"）;

3. 连接状态函数

【原型】

WiFi. status（）

【功能】

用于检测当前 Wi-Fi 的连接状态，返回值参数等于 WL_CONNECTED 表示已连接无线路由器，反之则没有连接。

【示例】

while（WiFi. status（）! = WL_CONNECTED）

4. 本地 IP 地址函数

【原型】

WiFi. localIP（）

【功能】

返回当前的 IP 地址，格式为字符串。

【示例】

Serial. println（WiFi. localIP（））;

## 9.3　Wi-Fi 模块做服务器

本任务要求使用 ESP8266 作为网页服务器，并能够通过 Wi-Fi 连接无线路由器，让手机和电脑等客户端通过网络访问 ESP8266 服务器中的网页，ESP8266 作为服务器的响应输出，如图 9.18 所示。

### 9.3.1　实验器材

- 兼容 Arduino IDE 的 ESP8266 开发板×1
- 无线路由器×1
- 网线 若干

### 9.3.2　基本原理

#### 9.3.2.1　IP 地址简介

IP 地址是指互联网协议地址（Internet Protocol Address），又译为网际协议地址。IP 地址是 IP 协议提供的一种统一的地址格式，它为互联网上的每一个网络和每一台主机分配一个逻辑地址，以此来屏蔽物理地址的差异。IP 地址可以理解为网络地址，MAC 地址可以理解为设备地址。IP 协议目前有 IPv4 和 IPv6 两种协议，这里以 IPv4 为例进行讲解。

### 9.3.2.2　IP 地址的分类

　　IP 地址可以分为 5 类，其中 A、B、C 类地址又可以分为网络号和主机号两部分。网络号表示该地址的上级网络是第几号网络，主机号表示该地址属于本级网络的第几号主机（或第几号网络）。网络号的容量说明了上级网络可以有多少个，主机号说明了本级主机（或网络）可以有多少个。所以，网络号标明了主机所处的网段，主机号则标明了主机是该网段下的第几号主机，IP 地址的网络号和主机号示意图如图 9.19 所示。

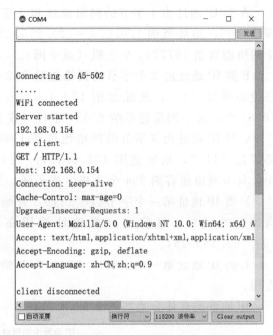

图 9.18　ESP8266 服务器的响应输出

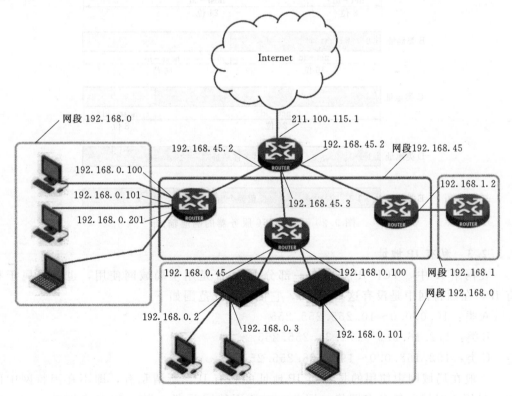

图 9.19　IP 地址的网络号和主机号示意图

A 类 IP 地址由 1 字节的网络地址和 3 字节主机地址组成，网络地址的最高位必须是"0"，地址范围 1.0.0.1～126.255.255.254，可用的 A 类网络有 126 个，每个网络能容纳 1677214 个主机（或子网）。

B 类 IP 地址由 2 个字节的网络地址和 2 个字节的主机地址组成，网络地址的最高位必须是"10"，地址范围 128.1.0.1～191.255.255.254，可用的 B 类网络有 16384 个，每个网络能容纳 65534 主机（或子网）。

C 类 IP 地址由 3 字节的网络地址和 1 字节的主机地址组成，网络地址的最高位必须是"110"，地址范围 192.0.1.1～223.255.255.254，C 类网络可达 2097152 个，每个网络能容纳 254 个主机（或子网）。

D 类 IP 地址第一个字节以"1110"开始，它是一个专门保留的地址。它并不指向特定的网络，目前这一类地址被用在多点广播中，地址范围 224.0.0.1～239.255.255.254。

E 类 IP 地址第一个字节以"1111"开始，为将来的使用所保留，仅作实验和开发用。

IP 地址的具体分类如图 9.20 所示。

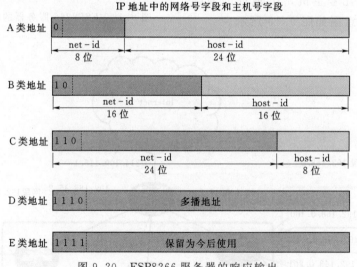

图 9.20　ESP8266 服务器的响应输出

### 9.3.2.3　私有 IP 地址

在网络 IP 中，TCP/IP 规定有一部分 IP 地址是用于局域网使用，也就是属于私有 IP，在因特网中是没有这些 IP 的。它们的地址范围如下：

A 类：10.0.0.0～10.255.255.255

B 类：172.16.0.0～172.31.255.255

C 类：192.168.0.0～192.168.255.255

一般在局域网中使用的是 C 类 IP 地址的私有 IP。所谓私有，即不在因特网中使用，仅用于局域网等私有网络。因此，对于因特网而言，公网 IP 是全网唯一的，但对于局域网而言，这些私有 IP 地址是可以在不同的局域网中重复使用的。

### 9.3.3 准备工作

本次任务依然让 ESP8266 作为 Station 站点，来连接周围的 AP 可接入站点，但是，ESP8266 同样监听网络请求，并回复请求。首先，需要让 ESP8266 主动连接无线路由器。然后，在 ESP8266 上打开服务器功能。最后，使用电脑或手机访问 ESP8266 所在的服务器 IP 地址。

需要注意的是，由于 ESP8266 连接无线路由器使用的是私有 IP 地址，因此在互联网上直接访问该地址是访问不到的，要求电脑和手机必须和 ESP8266 在同一网段才能成功访问。如果需要使用互联网访问的话，需要在无线路由器上建立一个 DNS 转发机制（规则），自定一个域名，对应的 IP 地址为 ESP8266 所在 IP 地址。然后将客户端的 DNS 服务器设置为路由器所在 IP 地址，再使用互联网访问。

### 9.3.4 编写程序

本程序的功能是，ESP8266 主动连接路由器，并建立网页服务器，用户通过局域网可以访问其内部网页，内部网页依然使用的是第 8 章节的 Arduino 主页代码。程序代码如下：

```
#include <ESP8266Wi-Fi.h>
const char * ssid = "A5-502";
const char * password = "********"; //填写自己的 Wi-Fi 密码
const charHomePage[] PROGMEM = {"<!DOCTYPE html><html><head>…<p align=\"center\">模拟引脚实时数据</p>"}; //由于篇幅原因省略
const String str1 = "<div class=\"ui-block-a\" style=\"border:1px solid black;\" align=\"center\"><span>";
const String str2 = "<div class=\"ui-block-b\" style=\"border:1px solid black;\" align=\"center\"><span>";
const char HomePage2[]PROGMEM = {"</div></div><div data-role=\"footer\" data-position=\"fixed\"><h1>Product by KevinCruz</h1></div></div></body></html>"};
Wi-FiServer server(80);
void setup(){
  Serial.begin(115200);
  delay(10);
  Serial.println();
  Serial.println();
  Serial.print("Connecting to ");
  Serial.println(ssid);
  Wi-Fi.mode(Wi-Fi_STA);
  Wi-Fi.begin(ssid,password);
  while(Wi-Fi.status()! = WL_CONNECTED){
    delay(500);
    Serial.print(". ");
  }
```

```
      Serial. println("");
      Serial. println("Wi-Fi connected");
      server. begin();
      Serial. println("Server started");
      Serial. println(Wi-Fi. localIP());
}
void loop(){
   Wi-FiClient client = server. available();
   if (client){
      Serial. println("new client");
      boolean currentLineIsBlank = true;
      while (client. connected()){
         if (client. available()){
            char c = client. read();
            Serial. write(c);
            if (c == '\n' && currentLineIsBlank){
               client. println("HTTP/1. 1 200 OK");
               client. println("Content-Type:text/html; charset=UTF-8");
               client. println("Connection:close");   // the connection will be closed after completion of the response
               client. println();
               for (int k = 0; k < strlen_P(HomePage); k++)
               {
                  char myChar =   pgm_read_byte_near(HomePage + k);
                  client. print(myChar);
               }
               client. print("<div class=\"ui-grid-a\">");
               client. print(str1);client. print("模拟引脚号</span></div>");
               client. print(str2);client. print("实时数据</span></div>");
               client. print(str1);client. print("A0</span></div>");
client. print(str2);client. print(analogRead(A0));client. print("</span></div>");
               client. print(str1);client. print("A1</span></div>");
               client. print(str2);client. print("无数据
");client. print("</span></div>");
               client. print(str1);client. print("A2</span></div>");
               client. print(str2);client. print("无数据
");client. print("</span></div>");
               client. print(str1);client. print("A3</span></div>");
               client. print(str2);client. print("无数据
");client. print("</span></div>");
               client. print(str1);client. print("A4</span></div>");
               client. print(str2);client. print("无数据
");client. print("</span></div>");
```

```
    client. print(str1);client. print("A5</span></div>");
    client. print(str2);client. print("无数据
");client. print("</span></div>");
        for (int k = 0; k <strlen_P(HomePage2); k++)
        {
            char myChar =   pgm_read_byte_near(HomePage2 + k);
            client. print(myChar);
        }
        client. println();
        break;
    }
    if (c == '\n'){
    currentLineIsBlank = true;
    }
    else if (c ! = '\r') {
    currentLineIsBlank = false;
    }
    }
    }
    delay(1);
    client. stop();
    Serial. println("client disconnected");
}
}
```

由于篇幅原因，程序代码中网页代码的内容部分省略了，同学们可以在附录中查看完整代码。由于 ESP8266 没有模拟引脚 A1～A5，所以网页只显示了 A0 的数据，其余的引脚显示的是"无数据"。

ESP8266 工作在 Station 模式，会首先连接到无线路由器，然后开始监听网络数据，如果有客户端访问就对其进行响应，回复一个网页数据。这和之前做过的 Web 服务器的功能很相似，不同的是，本节用无线代替了有线。接下来请大家根据所学内容继续完善代码，实现远程控制等功能。

# 第 10 章

# 其 他 通 信

## 10.1 两台 Arduino 之间的 IIC 通信

本任务要求用两台 Arduino 通过 IIC 接口实现相互通信。

### 10.1.1 实验器材

- Arduino UNO 板×2
- 杜邦线 若干

### 10.1.2 基本原理——IIC 通信简介

IIC 也被称为 I2C，是单片机上常见的通信方式（在 Arduino 上也称为 TWI 通信），IIC 一般有两根信号线：SDA（数据线）和 SCL（时钟线）。

I2C 总线是由 PHILIPS 公司开发的两线式串行总线，用于连接微控制器及其外围设备。在主从通信中，可以有多个 I2C 总线器件同时接到 I2C 总线上，通过地址来识别通信对象。

I2C 总线是由数据线 SDA 和时钟 SCL 构成的串行总线，可发送和接收数据，通信示例如图 10.1 所示。在 CPU 与被控 IC 之间、IC 与 IC 之间进行双向传送，最高传送速率 100Kbit/s。各种被控制电路均并联在这条总线上，但就像电话机一样只有拨通各自的号码才能工作，所以每个电路和模块都有唯一的地址。在信息的传输过程中，I2C 总线上并接的每一模块电路既可以是主控器（或被控器），又可以是发送器（或接收器），这取决于它所要完成的功能。

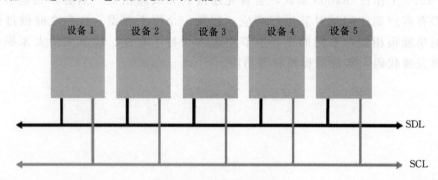

图 10.1  IIC 通信示例

不同的 Arduino 硬件开发板，其使用 IIC 的引脚是不同的，常见的几种 Arduino 型号的 IIC 引脚定义见表 10.1。

144

表 10.1            **常见的几种 Arduino 型号的 IIC 引脚定义**

| Arduino 开发板型号 | I2C/TWI 引脚 | Arduino 开发板型号 | I2C/TWI 引脚 |
|---|---|---|---|
| UNO，Ethernet | A4（SDA），A5（SCL） | Leonardo | 2（SDA），3（SCL） |
| Mega2560 | 20（SDA），21（SCL） | Due | 20（SDA），21（SCL），SDA1，SCL1 |

### 10.1.3 准备工作

两台 Arduino 如图 10.2 所示连接。

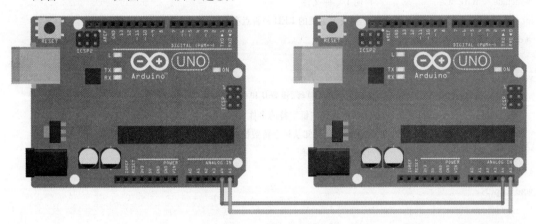

图 10.2　电路连接图 1

### 10.1.4 编写程序

主机程序如下。

```
＃include＜Wire. h＞        //声明 I2C 库文件
byte x = 0;               //变量 x 决定 LED 的亮灭
void setup(){
  Wire. begin();          // 加入 I2C 总线,作为主机
  Serial. begin(9600);
}
void loop(){
  Wire. beginTransmission(4);//发送数据到设备号为 4 的从机
  Wire. send("light ON");       // 发送字符串"light ON"
  Wire. endTransmission();    // 停止发送
  while(Wire. available()＞0)    // 当主机接收到从机数据时
  {
    byte c =Wire. receive(); //接收一个字节赋值给 c
    //判断 c 为 1,则点亮 LED,否则熄灭 LED。
    if(c==1)
    {digitalWrite(LED,LOW);}
    else
```

```
    {digitalWrite(LED,HIGH);}
    }
    delay(1000);//延时 1s
    Wire.requestFrom(4,1);      //通知 4 号从机上传 1 个字节
    delay(1000);//延时 1s
}
```

从机程序如下。

```
#include <Wire.h>            //声明 I2C 库文件
int x;                       //变量 x 值决定主机的 LED 是否点亮
#define LED 13

void setup(){
    Wire.begin(4);                  // 加入 I2C 总线,设置从机地址为 4
    Wire.onReceive(receiveEvent);//注册接收到主机字符的事件
    Wire.onRequest(requestEvent);// 注册主机通知从机上传数据的事件
    Serial.begin(9600);             //设置串口波特率
}
void loop(){
}
void receiveEvent(int howMany){ // 当从机接收到主机字符,执行该事件
    while(Wire.available()>1){      // 循环执行,直到数据包只剩下最后一个字符
        char c =Wire.receive();// 作为字符接收字节
        if(c == "light ON"){
            Serial.print(c);            // 把字符打印到串口监视器中
        }
    }
    //接收主机发送的数据包中的最后一个字节
    x =Wire.receive();         // 作为整数接收字节
    Serial.println(x);         //把整数打印到串口监视器中,并回车
}
void requestEvent()    //当主机通知从机上传数据,执行该事件
{
    //把接收主机发送的数据包中的最后一个字节再上传给主机
    Wire.send(x); // 响应主机的通知,向主机发送一个字节数据
}
```

### 10.1.5　Wire 库函数介绍

1. I2C 初始化函数

【原型】

　Wire.begin ();

　Wire.begin (addr);

【功能】

用于加入 I2C 总线，作为主机时，不需要设置地址。其中 addr 为地址值，当作为从机时，需要设置地址。

【示例】

Wire.begin();//作为主机

Wire.begin(4);//作为 4 号从机

2. 主机发送数据到从机

【原型】

Wire.beginTransmission（addr）；

Wire.send（strings）；

Wire.endTransmission（）；

【功能】

用于主机发送数据给指定从机，这个步骤有三个命令，分别是发送设备地址命令、发送数据命令和停止传输命令。其中 addr 为从机地址，strings 为要发送的数据。

【示例】

Wire.beginTransmission(4);　　//发送数据到设备号为 4 的从机

Wire.send("light ON");　　　　// 发送字符串"light ON"

Wire.endTransmission();　　　　// 停止发送

3. 是否收到数据函数

【原型】

Wire.available（）

【功能】

用于返回是否收到数据，若收到信息，返回真，否则返回假。

【示例】

while(Wire.available()>0)

4. 读取接收数据函数

【原型】

Wire.receive（）

【功能】

用于在接收缓存区取一个字节。

【示例】

byte c = Wire.receive();

5. 发送数据函数

【原型】

Wire.send（byte）

【功能】

发送一个字节数据，其中 byte 为要发送的字符。

【示例】

Wire. send(0x01);

6. 允许从机上传数据函数

【原型】

Wire. requestFrom (addr，num);

【功能】

用于通知指定从机上传数据，其中 addr 为从机地址，num 为允许上传的数据大小，单位为字节。

【示例】

Wire. requestFrom(4,1);//通知 4 号从机上传 1 个字节

7. 注册从机事件函数

【原型】

Wire. onReceive (receiveEvent);

Wire. onRequest (requestEvent);

【功能】

用于注册从机事件，事件有两种，一是接收事件，二是上传事件。接收到主机数据触发接收事件，接收到主机上传通知触发上传事件。事件必须先进行注册，注册后就可以使用这两个事件了。

【示例】

Wire. onReceive(receiveEvent)；　//注册接收到主机字符的事件

Wire. onRequest(requestEvent)；　// 注册主机通知从机上传数据的事件

voidreceiveEvent(int howMany){ // 当从机接收到主机字符,执行该事件

    ...

}

voidrequestEvent(){///当主机通知从机上传数据,执行该事件

    ...

}

# 10.2　两台 Arduino 之间的 SPI 通信

本任务要求使用两台 Arduino 通过 SPI 接口实现相互通信。

## 10.2.1　实验器材

- Arduino UNO 板×2
- 杜邦线 若干

### 10.2.2 基本原理

串行外围设备接口（Serial Perripheral Interface，SPI）是 Motorola 公司推出的一种同步串行接口技术。SPI 总线允许 MCU 以全双工的同步串行方式，与各种外围设备进行高速数据通信。

SPI 主要应用在 EEPROM，Flash，实时时钟（RTC），数模转换器（ADC），数字信号处理器（DSP）以及数字信号解码器之间。它在芯片中只占用四根管脚（Pin）用来控制以及数据传输，节约了芯片的 Pin 数目，同时为 PCB 在布局上节省了空间。正是出于这种简单易用的特性，现在越来越多的芯片上都集成了 SPI 技术。

### 10.2.3 准备工作

两台 Arduino 如图 10.3 所示连接，连接时可以参考表 10.2。

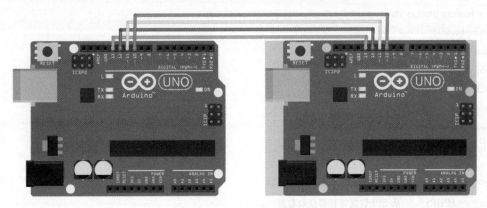

图 10.3 电路连接图 2

表 10.2                        **Arduino SPI 通信引脚连接表**

| Arduino A | Arduino B | Arduino A | Arduino B |
| --- | --- | --- | --- |
| （10）SS | （10）SS | （12）MISO | （12）MISO |
| （11）MOSI | （11）MOSI | （13）SCLK | （13）SCLK |

### 10.2.4 编写程序

主机程序如下。

```
#include <SPI.h>
void setup(void){
  Serial.begin(9600);          // 开始串口通信
  digitalWrite(SS,HIGH);
  SPI.begin();                 // SPI 通信开始
  //SPI.setClockDivider(SPI_CLOCK_DIV8); //
}
void loop(void){
  char c;
  digitalWrite(SS,LOW);        // 片选从机 SS - pin 10
```

```
for(const char * p = "Hello,world! \n"; c = *p; p++){   // 发送字串
  SPI. transfer(c);
  Serial. print(c);
}
digitalWrite(SS,HIGH);// 取消从机
delay(1000);
}
```

从机程序如下。

```
#include <SPI. h>
char buf[100];
volatile byte pos;
volatile boolean process_it;
void setup(void){
  Serial. begin(9600);
  pinMode(MISO,OUTPUT);
  SPCR |= _BV(SPE);// 设置为接收状态
  pos = 0;    // 清空缓冲区
  process_it = false;
  SPI. attachInterrupt();// 开启中断
}
ISR(SPI_STC_vect){// SPI 中断程序
  byte c = SPDR;   // 从 SPI 数据寄存器获取数据
  if (pos <sizeof(buf)){
    buf[pos++] = c;
    if (c == '\n')
      process_it = true;
  }
}
void loop(void){
  if (process_it){
    buf[pos] = 0;
    Serial. println(buf);
    pos = 0;
    process_it = false;
  }
}
```

## 10.2.5　Wire 库相关函数介绍

1. SPI 初始化函数

【原型】

SPI. begin ();

【功能】

用于初始化 SPI 端口，并打开 SPI 通信功能。

【示例】

SPI. begin();

2. SPI 发送函数

【原型】

SPI. transfer（byte）；

【功能】

用于 SPI 发送字符，其中 byte 为一个字节的字符。

【示例】

```
for(const char * p = "Hello,world! \n" ; c = * p; p++){   // 发送字串
    SPI. transfer(c);
}
```

3. 设置 SPI 时钟函数

【原型】

SPI. setClockDivider（SPI _ CLOCK _ DIV4）

SPI. setClockDivider（SPI _ CLOCK _ DIV8）；

【功能】

setClockDivider 函数的作用是设置 SPI 串行通信的时钟，通信时钟是由系统时钟分频而得到，分频值可选 2、4、8、16、32、64 及 128，有一个 type 类型的参数 rate，有 7 种类型，对应 7 个分频值分别为 SPI _ CLOCK _ DIV2、SPI _ CLOCK _ DIV4、SPI _ CLOCK _ DIV8、SPI _ CLOCK _ DIV16、SPI _ CLOCK _ DIV32、SPI _ CLOCK _ DIV64 和 SPI _ CLOCK _ DIV128。函数默认参数设置是 SPI _ CLOCK _ DIV4，设置 SPI 串行通信时钟为系统时钟的 1/4。

【示例】

SPI. setClockDivider(SPI_CLOCK_DIV8);

4. SPI 中断函数

【原型】

SPI. attachInterrupt（）；

ISR（SPI _ STC _ vect）

【功能】

使用 SPI. attachInterrupt（）函数开启 SPI 中断服务，然后 SPI 发送或收到数据就进入 ISR（SPI _ STC _ vect）SPI 中断处理函数中处理。

【示例】

SPI. attachInterrupt();// 开启中断

...

```
ISR(SPI_STC_vect){// SPI 中断程序
    byte c = SPDR;  // 从 SPI 数据寄存器获取数据
    ...
}
```

5. SPI 接收缓存区

【原型】

SPDR

【功能】

SPDR 是 SPI 通信的接收缓存区，接收到的数据会存放在这里。

【示例】

```
byte c = SPDR;  // 从 SPI 数据寄存器获取数据
```

# 参 考 文 献

［1］ 陈吕洲. Arduino 程序设计基础 ［M］. 北京：北京航空航天大学出版社，2015.

［2］ Michael McRoberts. Arduino 从基础到实践 ［M］. 北京：电子工业出版社，2017.

［3］ John M，Hughes. Arduino 技术指南 ［M］. 北京：人民邮电出版社，2017.

［4］ Steven F，Barrett. Arduino 高级开发权威指南 ［M］. 北京：机械工业出版社，2014.

［5］ Arduino官方网站. Arduino UNO 技术参数 ［EB/OL］. https：//www. arduino. cc/en/Main/Ar-duinoBoardUno/，2017 - 01.

［6］ Arduino中文社区. Arduino 教程汇总贴 ［EB/OL］. https：//www. arduino. cn/thread - 1066 - 1 - 1. html，2017 - 01.

# 附　录

## 本书所用器材一览表

| 名称 | Arduino UNO |
|---|---|
| 型号/规格 | 带插针和插排版本的 |
| 数量 | 1 |
| 参考单价/元 | 17 |
| 名称 | 面包板 |
| 型号/规格 | 小板，质量要选好一点的 |
| 数量 | 1 |
| 参考单价/元 | 0.7 |
| 名称 | 面包板跳线 |
| 型号/规格 | 公对公 |
| 数量 | 1 |
| 参考单价/元 | 3.8 |
| 名称 | 杜邦线 |
| 型号/规格 | 母对母 |
| 数量 | 1 |
| 参考单价/元 | 2 |

| 名称 | 小车底盘套件 |
|---|---|
| 型号/规格 | 圆形底盘，两轮 |
| 数量 | 1 |
| 参考单价/元 | 26 |

| 名称 | 直流电机驱动 |
|---|---|
| 型号/规格 | L298N，建议选择迷你版 |
| 数量 | 1 |
| 参考单价/元 | 3.5 |

| 名称 | HC - 11 |
|---|---|
| 数量 | 2 |
| 参考单价/元 | 20 |

| 名称 | 摇杆模块 |
|---|---|
| 数量 | 1 |
| 参考单价/元 | 3.6 |

| 名称 | HX1838 |
|---|---|
| 型号/规格 | 带金属屏蔽 |
| 数量 | 1 |
| 参考单价/元 | 0.5 |

附录

| 名称 | 红外遥控器 | |
|---|---|---|
| 型号/规格 | 支持 NEC 协议的 | |
| 数量 | 1 | |
| 参考单价/元 | 1.5 | |
| 名称 | 蓝牙模块 | |
| 型号/规格 | 蓝牙 2.0 | |
| 数量 | 1 | |
| 参考单价/元 | 15 | |
| 名称 | RC522 | |
| 数量 | 1 | |
| 参考单价/元 | 6.8 | |
| 名称 | nrf24L01 | |
| 数量 | 1 | |
| 参考单价/元 | 20 | |
| 名称 | W5500 | |
| 型号/规格 | 一定要小版本的 | |
| 数量 | 1 | |
| 参考单价/元 | 37 | |

续表

| 名称 | ENC28J60 | |
|---|---|---|
| 型号/规格 | 普通版或 mini 板都可以 | |
| 数量 | 1 | |
| 参考单价/元 | 13 | |
| 名称 | DS18B20 | |
| 型号/规格 | 买模块不要只买传感器 | |
| 数量 | 1 | |
| 参考单价/元 | 5.5 | |
| 名称 | ESP8266 | |
| 数量 | 1 | |
| 参考单价/元 | 11.6 | |

# Arduino 主页完整源代码

```
<! DOCTYPE html>
<html>
<head>
    <meta name="viewport" content="width=device-width,initial-scale=1">
    <linkrel="stylesheet"
href="https://apps. bdimg. com/libs/jquerymobile/
1. 4. 5/jquery. mobile-1. 4. 5. min. css">
    <script
src="https://apps. bdimg. com/libs/jquery/1. 10. 2/jquery. min. js"></script>
```

```
<script src="https://apps. bdimg. com/libs/jquerymobile/1. 4. 5/jquery. mobile—
1. 4. 5. min. js"></script>
<script language="JavaScript">
functionmyrefresh()
{
  window. location. reload();
}
setTimeout('myrefresh()',5000); //指定 1 秒刷新一次
</script>


</head>
<body>


<div data—role="page" id="page_main">
  <div data—role="header">
    <h1>主页</h1>
    <div data—role="navbar" data—iconpos="left">
      <ul>
        <li><a href=" # page_main" data—transition="flow">首页</a></li>
        <li><a href=" # page_jieshao" data—transition="flow">Arduino 介绍</a></li>
        <li><a href=" # page_gongneng" data—transition="flow">UNO 板功能</a></li>
        <li><a href=" # page_zhuangtai" data—transition="flow">运行状态</a></li>
        <li><a href=" # page_shuju" data—transition="flow">实时数据</a></li>
      </ul>
    </div>
  </div>


  <div data—role="content">
    <p>欢迎光临 KC 的主页</p>


  </div>


  <div data—role="footer" data—position="fixed">
    <h1>Product by KevinCruz</h1>
  </div>
</div>


<div data—role="page" id="page_jieshao">
  <div data—role="header">
    <h1>主页</h1>
    <div data—role="navbar" data—iconpos="left">
      <ul>
```

```
        <li><a href="#page_main" data-transition="flow">首页</a></li>
        <li><a href="#page_jieshao" data-transition="flow">Arduino 介绍</a></li>
        <li><a href="#page_gongneng" data-transition="flow">UNO 板功能</a></li>
        <li><a href="#page_zhuangtai" data-transition="flow">运行状态</a></li>
        <li><a href="#page_shuju" data-transition="flow">实时数据</a></li>
      </ul>
   </div>
  </div>

  <div data-role="content">
    <p>Arduino 介绍</p>

  </div>

  <div data-role="footer" data-position="fixed">
    <h1>Product by KevinCruz</h1>
  </div>
</div>

<div data-role="page" id="page_gongneng">
  <div data-role="header">
    <h1>主页</h1>
    <div data-role="navbar" data-iconpos="left">
      <ul>
        <li><a href="#page_main" data-transition="flow">首页</a></li>
        <li><a href="#page_jieshao" data-transition="flow">Arduino 介绍</a></li>
        <li><a href="#page_gongneng" data-transition="flow">UNO 板功能</a></li>
        <li><a href="#page_zhuangtai" data-transition="flow">运行状态</a></li>
        <li><a href="#page_shuju" data-transition="flow">实时数据</a></li>
      </ul>
    </div>
  </div>

  <div data-role="content">
    <p>UNO 板功能</p>

  </div>

  <div data-role="footer" data-position="fixed">
    <h1>Product by KevinCruz</h1>
  </div>
</div>
```

```html
<div data-role="page" id="page_zhuangtai">
  <div data-role="header">
    <h1>主页</h1>
    <div data-role="navbar" data-iconpos="left">
        <ul>
          <li><a href="#page_main" data-transition="flow">首页</a></li>
          <li><a href="#page_jieshao" data-transition="flow">Arduino 介绍</a></li>
          <li><a href="#page_gongneng" data-transition="flow">UNO 板功能</a></li>
          <li><a href="#page_zhuangtai" data-transition="flow">运行状态</a></li>
          <li><a href="#page_shuju" data-transition="flow">实时数据</a></li>
            </ul>
    </div>
  </div>


  <div data-role="content">
    <p>运行状态</p>


  </div>


  <div data-role="footer" data-position="fixed">
    <h1>Product by KevinCruz</h1>
  </div>
</div>

<div data-role="page" id="page_shuju">
  <div data-role="header">
    <h1>主页</h1>
    <div data-role="navbar" data-iconpos="left">
        <ul>
          <li><a href="#page_main" data-transition="flow">首页</a></li>
          <li><a href="#page_jieshao" data-transition="flow">Arduino 介绍</a></li>
          <li><a href="#page_gongneng" data-transition="flow">UNO 板功能</a></li>
          <li><a href="#page_zhuangtai" data-transition="flow">运行状态</a></li>
          <li><a href="#page_shuju" data-transition="flow">实时数据</a></li>
        </ul>
    </div>
  </div>


  <div data-role="content">
    <p align="center">模拟引脚实时数据</p>
    <div class="ui-grid-a">
```

&lt;div class="ui－block－a" style="border：1px solid black;" align="center"&gt;&lt;span&gt;模拟引脚号&lt;/span&gt;&lt;/div&gt;

&lt;div class="ui－block－b" style="border：1px solid black;" align="center"&gt;&lt;span&gt;实时数据&lt;/span&gt;&lt;/div&gt;

&lt;div class="ui－block－a" style="border：1px solid black;" align="center"&gt;&lt;span&gt;A0&lt;/span&gt;&lt;/div&gt;

&lt;div class="ui－block－b" style="border：1px solid black;" align="center"&gt;&lt;span&gt;实时数据&lt;/span&gt;&lt;/div&gt;

&lt;div class="ui－block－a" style="border：1px solid black;" align="center"&gt;&lt;span&gt;A1&lt;/span&gt;&lt;/div&gt;

&lt;div class="ui－block－b" style="border：1px solid black;" align="center"&gt;&lt;span&gt;实时数据&lt;/span&gt;&lt;/div&gt;

&lt;div class="ui－block－a" style="border：1px solid black;" align="center"&gt;&lt;span&gt;A2&lt;/span&gt;&lt;/div&gt;

&lt;div class="ui－block－b" style="border：1px solid black;" align="center"&gt;&lt;span&gt;实时数据&lt;/span&gt;&lt;/div&gt;

&lt;div class="ui－block－a" style="border：1px solid black;" align="center"&gt;&lt;span&gt;A3&lt;/span&gt;&lt;/div&gt;

&lt;div class="ui－block－b" style="border：1px solid black;" align="center"&gt;&lt;span&gt;实时数据&lt;/span&gt;&lt;/div&gt;

&lt;div class="ui－block－a" style="border：1px solid black;" align="center"&gt;&lt;span&gt;A4&lt;/span&gt;&lt;/div&gt;

&lt;div class="ui－block－b" style="border：1px solid black;" align="center"&gt;&lt;span&gt;实时数据&lt;/span&gt;&lt;/div&gt;

&lt;div class="ui－block－a" style="border：1px solid black;" align="center"&gt;&lt;span&gt;A5&lt;/span&gt;&lt;/div&gt;

&lt;div class="ui－block－b" style="border：1px solid black;" align="center"&gt;&lt;span&gt;实时数据&lt;/span&gt;&lt;/div&gt;

&lt;/div&gt;

&lt;/div&gt;

&lt;div data－role="footer" data－position="fixed"&gt;

&lt;h1&gt;Product by KevinCruz&lt;/h1&gt;

&lt;/div&gt;

&lt;/div&gt;

&lt;/body&gt;

&lt;/html&gt;

# Arduino Web 服务器完整源代码

```
#include <SPI.h>
#include <Ethernet.h>
#if defined(WIZ550io_WITH_MACADDRESS)// Use assigned MAC address of WIZ550io
;
#else
byte mac[] = {0xDE,0xAD,0xBE,0xEF,0xFE,0xDF};
#endif
const char HomePage[] PROGMEM  = {"<! DOCTYPE html><html><head> <meta name=\"viewport\" con-
tent=\"width=device-width,initial-scale=1\"> <link rel=\"stylesheet\" href=\"https://apps.bdimg.com/libs/
jquerymobile/1.4.5/jquery.mobile-1.4.5.min.css\"> <script src=\"https://apps.bdimg.com/libs/jquery/1.10.2/
jquery.min.js\"></script>  <script src=\"https://apps.bdimg.com/libs/jquerymobile/1.4.5/jquery.mobile-
1.4.5.min.js\"></script> <script language=\"JavaScript\"> function myrefresh(){  window.location.reload(); }
setTimeout('myrefresh()',5000); //指定1秒刷新一次 </script></head><body><div data-role=\"page\" id=
\"page_main\"> <div data-role=\"header\"> <h1>主页</h1> <div data-role=\"navbar\" data-iconpos=\"
left\"> <ul> <li><a href=\"#page_main\" data-transition=\"flow\">首页</a></li> <li><a href=\"#
page_jieshao\" data-transition=\"flow\">Arduino介绍</a></li> <li><a href=\"#page_gongneng\" data-
transition=\"flow\">UNO板功能</a></li> <li><a href=\"#page_zhuangtai\" data-transition=\"flow\">
运行状态</a></li> <li><a href=\"#page_shuju\" data-transition=\"flow\">实时数据</a></li> </ul>
</div> </div> <div data-role=\"content\"> <p>欢迎光临KC的主页</p>  </div> <div data-role=
\"footer\" data-position=\"fixed\"> <h1>Product by KevinCruz</h1> </div></div><div data-role=
\"page\" id=\"page_jieshao\"> <div data-role=\"header\"> <h1>主页</h1> <div data-role=\"navbar
\" data-iconpos=\"left\"> <ul> <li><a href=\"#page_main\" data-transition=\"flow\">首页</a></li>
<li><a href=\"#page_jieshao\" data-transition=\"flow\">Arduino介绍</a></li> <li><a href=\"#page_
gongneng\" data-transition=\"flow\">UNO板功能</a></li> <li><a href=\"#page_zhuangtai\" data-tran-
sition=\"flow\">运行状态</a></li> <li><a href=\"#page_shuju\" data-transition=\"flow\">实时数据
</a></li> </ul> </div> </div> <div data-role=\"content\"> <p>Arduino介绍</p>  </div> <div
data-role=\"footer\" data-position=\"fixed\"> <h1>Product by KevinCruz</h1> </div></div><div data-
role=\"page\" id=\"page_gongneng\"> <div data-role=\"header\"> <h1>主页</h1> <div data-role=
\"navbar\" data-iconpos=\"left\"> <ul> <li><a href=\"#page_main\" data-transition=\"flow\">首页</a
></li> <li><a href=\"#page_jieshao\" data-transition=\"flow\">Arduino介绍</a></li> <li><a href=
\"#page_gongneng\" data-transition=\"flow\">UNO板功能</a></li> <li><a href=\"#page_zhuangtai
\" data-transition=\"flow\">运行状态</a></li> <li><a href=\"#page_shuju\" data-transition=\"flow
\">实时数据</a></li> </ul> </div> </div> <div data-role=\"content\"> <p>UNO板功能</p>
</div> <div data-role=\"footer\" data-position=\"fixed\"> <h1>Product by KevinCruz</h1> </div>
</div><div data-role=\"page\" id=\"page_zhuangtai\"> <div data-role=\"header\"> <h1>主页</h1>
<div data-role=\"navbar\" data-iconpos=\"left\"> <ul> <li><a href=\"#page_main\" data-transition=
\"flow\">首页</a></li> <li><a href=\"#page_jieshao\" data-transition=\"flow\">Arduino介绍</a>
</li> <li><a href=\"#page_gongneng\" data-transition=\"flow\">UNO板功能</a></li> <li><a href=
```

162

```
\"#page_zhuangtai\" data-transition=\"flow\">运行状态</a></li> <li><a href=\"#page_shuju\" data-
transition=\"flow\">实时数据</a></li> </ul> </div> </div> <div data-role=\"content\"> <p>运行
状态</p>  </div> <div data-role=\"footer\" data-position=\"fixed\"> <h1>Product by KevinCruz</h1>
</div></div><div data-role=\"page\" id=\"page_shuju\"> <div data-role=\"header\"> <h1>主页</h1>
<div data-role=\"navbar\" data-iconpos=\"left\"> <ul> <li><a href=\"#page_main\" data-transition=
\"flow\">首页</a></li> <li><a href=\"#page_jieshao\" data-transition=\"flow\">Arduino 介绍</a>
</li> <li><a href=\"#page_gongneng\" data-transition=\"flow\">UNO 板功能</a></li> <li><a href=
\"#page_zhuangtai\" data-transition=\"flow\">运行状态</a></li> <li><a href=\"#page_shuju\" data-
transition=\"flow\">实时数据</a></li> </ul> </div> </div> <div data-role=\"content\"> <p align=
\"center\">模拟引脚实时数据</p>"};//由于篇幅原因,这里的网页代码就不写全了
const String str1 = "<div class=\"ui-block-a\" style=\"border:1px solid black;\" align=\"center\"><span>";
const String str2 = "<div class=\"ui-block-b\" style=\"border:1px solid black;\" align=\"center\"><span>";
const char HomePage2[]PROGMEM  = {"</div></div><div data-role=\"footer\" data-position=\"fixed\">
<h1>Product by KevinCruz</h1></div></div></body></html>"};
EthernetServer server(80);
voidsetup(){
    Serial. begin(9600);
    if (Ethernet. begin(mac)== 0){
        Serial. println("Failed to configure Ethernet using DHCP");
        for(;;)
            ;
    }
    server. begin();
    Serial. print("server is at ");
    Serial. println(Ethernet. localIP());
}


void loop(){
    EthernetClient client = server. available();
    if (client){
        Serial. println("new client");
        boolean currentLineIsBlank = true;
        while (client. connected()){
            if (client. available()){
                char c =client. read();
                Serial. write(c);
                if (c == '\n' && currentLineIsBlank){
                    client. println("HTTP/1. 1 200 OK");
                    client. println("Content-Type:text/html");
                    client. println("Connection:close");   // the connection will be closed after completion of the response
                    client. println();
                    for (int k = 0; k <strlen_P(HomePage); k++)
```

```
        char myChar =  pgm_read_byte_near(HomePage + k);
        client. print(myChar);
    }
    client. print("<div class=\"ui-grid-a\">");
    client. print(str1);client. print("模拟引脚号</span></div>");
    client. print(str2);client. print("实时数据</span></div>");
    client. print(str1);client. print("A0</span></div>");
client. print(str2);client. print(analogRead(A0));client. print("</span></div>");
    client. print(str1);client. print("A1</span></div>");
client. print(str2);client. print(analogRead(A1));client. print("</span></div>");
    client. print(str1);client. print("A2</span></div>");
client. print(str2);client. print(analogRead(A2));client. print("</span></div>");
    client. print(str1);client. print("A3</span></div>");
client. print(str2);client. print(analogRead(A3));client. print("</span></div>");
    client. print(str1);client. print("A4</span></div>");
client. print(str2);client. print(analogRead(A4));client. print("</span></div>");
    client. print(str1);client. print("A5</span></div>");
client. print(str2);client. print(analogRead(A5));client. print("</span></div>");
        for(int k = 0; k <strlen_P(HomePage2); k++)
        {
            char myChar =  pgm_read_byte_near(HomePage2 + k);
            client. print(myChar);
        }
        client. println();
        break;
    }
    if(c == '\n'){
    currentLineIsBlank = true;
    }
    else if(c ! = '\r'){
    currentLineIsBlank = false;
    }
  }
 }
 delay(1);
```

164

```
    client. stop();
    Serial. println("client disconnected");
  }
}
```